水牛安全高效养殖综合技术

中国农业科学院
广西壮族自治区　水牛研究所　编著

广西科学技术出版社

图书在版编目（CIP）数据

水牛安全高效养殖综合技术 / 中国农业科学院广西壮族自治区水牛研究所编著. — 南宁：广西科学技术出版社，2021.11（2023.7重印）

ISBN 978-7-5551-1686-8

Ⅰ.①水… Ⅱ.①中… Ⅲ.①水牛—饲养管理 Ⅳ.①S823.8

中国版本图书馆CIP数据核字（2021）第203105号

SHUINIU ANQUAN GAOXIAO YANGZHI ZONGHE JISHU

水牛安全高效养殖综合技术

中国农业科学院广西壮族自治区水牛研究所　编著

责任编辑：赖铭洪　罗　风		责任校对：夏晓雯	
责任印制：韦文印		版式设计：梁　良	

出　版　人：梁　志　　　　　　　　出版发行：广西科学技术出版社

社　　　址：广西南宁市东葛路66号　邮政编码：530023

网　　　址：http://www.gxkjs.com　　编辑部：0771-5864716

印　　　刷：广西彩丰印务有限公司

开　　　本：890 mm×1240 mm　1/32

字　　　数：109千字　　　　　　　　印　　张：4.5

版　　　次：2021年11月第1版　　　　印　　次：2023年7月第2次印刷

书　　　号：ISBN 978-7-5551-1686-8

定　　　价：29.80元

A. 海子水牛公牛   B. 海子水牛母牛

图 1-1   海子水牛

A. 富钟水牛公牛   B. 富钟水牛母牛

图 1-2   富钟水牛

A. 西林水牛公牛   B. 西林水牛母牛

图 1-3   西林水牛

第一章 水牛品种介绍

我国目前的水牛品种主要包括中国本地的沼泽型水牛、从国外引进的河流型水牛及用引进的水牛品种与中国本地水牛杂交产生的杂交型水牛。

第一节 沼泽型水牛

中国本地水牛大多属于沼泽型水牛，其细胞染色体核型为$2n=48$，有泡水和滚泥的习性，故称沼泽型水牛。沼泽型水牛一般体形较小，耐粗饲，抗病能力和适应性强，其用途以役用为主。根据2011年5月出版的《中国畜禽遗传资源志·牛志》记载，我国共有26个地方水牛品种，即海子水牛（江苏）（图1-1）、盱眙山区水牛（江苏）、温州水牛（浙江）、东流水牛（安徽）、江淮水牛（安徽）、福安水牛（福建）、鄱阳湖水牛（江西）、峡江水牛（江西）、信丰山地水牛（江西）、信阳水牛（河南）、恩施山地水牛（湖北）、江汉水牛（湖北）、滨湖水牛（湖南）、富钟水牛（广西）（图1-2）、西林水牛（广西）（图1-3）、兴隆水牛（海南）、德昌水牛（四川）、涪陵水牛（重庆）、宜宾水牛（四川）、贵州白水牛（贵州）、贵州水牛（贵州）、槟榔江水牛（云南）、德宏水牛（云南）、滇东南水牛（云南）、盐津水牛（云南）、陕南水牛（陕西）等，除槟榔江水牛为河流型水牛外，其他均属沼泽型水牛。

目录

前言

我国是水牛生产大国，水牛存栏数量位居全球第三。水牛是我国传统家畜品种之一，历史上其主要是为农业生产提供役力及肥料，为农业的发展做出了卓越的贡献。随着科技的进步和生产力的发展，我国农业机械化程度不断提高，机器正在逐步代替水牛进行农业生产，水牛的役用功能逐步弱化，水牛的存栏数量也逐年减少。与此同时，随着经济的快速增长和人们生活水平的不断提高，市场上对优质牛肉食品及高档水牛奶的需求量不断增加，水牛的乳肉生产性能逐渐得到开发，水牛正从传统的役畜逐步向乳、肉、役兼用方向发展，越来越多的人通过饲养水牛走上了致富的道路。然而，由于缺乏相关的养殖及管理技术，致使很多养殖者在选址、建场、挑选品种、饲养管理、繁殖配种、疫病防治等方面走了不少弯路，吃了不少亏，也蒙受了不少经济损失。为解决广大水牛养殖者对水牛养殖技术的迫切需求，提高水牛养殖技术水平，最大限度地开发水牛乳、肉方面的潜力，为维护我国的水牛大国地位，推进我国水牛产业的发展和乡村产业振兴提供有力技术支撑，我们特编制本科普图书。

本书可供广大水牛养殖专业户，规模水牛场技术人员、经营管理人员，基层畜牧兽医工作者参考。

由于我们水平有限，书中难免有缺点和错误，敬请广大同仁及读者朋友指正。

编　者

编委会

第二节 河流型水牛

河流型水牛的染色体核型为2n=50，原产于江河流域地带，习性喜水，故称河流型水牛。河流型水牛分布于印度、巴基斯坦、保加利亚、意大利和埃及等国家，其体形高大，乳用性能良好，用途以乳用为主，也可兼作其他用途。世界上比较著名的河流型水牛品种有印度的摩拉水牛、巴基斯坦的尼里—拉菲水牛及地中海水牛等。

一、摩拉水牛

摩拉水牛产于印度，是世界最优秀的河流型乳用水牛品种之一，是印度8个水牛品种中产奶性能最好的品种，原产于巴基斯坦旁遮普省和印度德里南部，印度广大地区均有饲养，中国、东南亚及欧洲许多国家曾引进。

摩拉水牛（图1-4）属大型乳用水牛品种，全身黝黑，头小，角短且卷曲，前额广阔突出。体躯高大，胸垂大而突出，尾长过飞节，乳房发达，乳头长，四肢健壮有力，但对外界环境反应较敏感，易受惊吓。我国于1957年从印度引进，经过60多年的饲养繁殖，证明其完全适应广西的气候环境条件，耐热、耐粗饲、病少。摩拉水牛成年公牛体重约740 kg，母牛体重约616 kg，年均产奶量2067 kg，优秀个体305天泌乳期产奶量达3500 kg。一般2岁左右性成熟，3岁左右产第一胎，牛犊出生体重约35 kg。一般饲养水平公牛2岁体重可达400 kg，产肉量可达173 kg，是用于改良我国本地水牛的当家品种之一。

A.摩拉水牛公牛　　　　　　　　　　B.摩拉水牛母牛

图1-4　摩拉水牛

二、尼里—拉菲水牛

尼里—拉菲水牛是世界公认最优秀的河流型乳用水牛品种，原产于巴基斯坦旁遮普省中部，巴基斯坦全国及邻近的印度等均有分布，已向中国、保加利亚、特立尼达等国输出。

尼里—拉菲水牛（图1-5）属大型乳用水牛品种，全身皮肤和被毛通常为黝黑色，部分水牛为玉石眼（虹膜缺乏色素），额部、面部有白斑，四肢下部或前或后及尾帚为白色，有的乳房和胸部有肉色斑块，角卷曲，体身宽深，骨骼粗壮，乳房发达，乳头粗大且长。我国于1974年从巴基斯坦引进，经过近50年的风土驯化，证明其能很好地适应我国长江以南亚热带湿热气候和饲养方式。尼里—拉菲水牛成年公牛体重约727 kg，母牛约611 kg，年均产奶量2163 kg，优秀的母牛305天产奶量达3600 kg。一般2岁左右性成熟，3岁左右产第一胎，牛犊出生体重约35 kg。一般饲养水平公牛2岁体重可达440 kg，产肉量可达180 kg，是用于改良我国本地水牛的当家品种之一。

A. 尼里—拉菲水牛公牛　　　　　　　B. 尼里—拉菲水牛母牛

图 1-5　尼里—拉菲水牛

三、地中海水牛

地中海水牛分布在欧洲地中海周边国家，其中选育最系统、生产性能最好的是意大利水牛，所以通常所说的地中海水牛多指意大利水牛。地中海水牛是世界著名的乳用水牛品种之一，其生存于北纬40度左右的地区，适应性广，能适应温带气候，对寒冷气候有忍耐性，而一般水牛只适应湿热地带气候。

地中海水牛（图1-6）属中型乳用水牛，成年母牛体重500~

A. 地中海水牛公牛　　　　　　　　B. 地中海水牛母牛

图 1-6　地中海水牛

550 kg；角短、角基粗，全身皮肤和被毛黝黑色；乳房发达，产乳性能高，乳质好，一个泌乳期（270天）的泌乳量2264 kg，优秀个体高达5400 kg（261天）。地中海水牛性早熟，平均初产年龄为36.9个月，最早为27个月。

四、槟榔江水牛

槟榔江水牛（图1-7）俗称嘎拉水牛，为我国培育的河流型乳、肉、役兼用的地方水牛品种，中心产区位于云南省腾冲市槟榔江上游，主要分布于猴桥、中和、荷花、明光、滇滩等乡镇，腾冲其余各乡镇有零星分布。槟榔江水牛体形中等，被毛稀短，皮薄油亮，皮肤黝黑，被毛以黑色为主，大腿内侧、腹下毛色淡化，未成年个体部分毛尖呈现棕褐色，约20%有"白袜子"现象，有少量个体白额、白尾帚；角形为螺旋形、小圆形，也有大圆环以及前弯角，呈黑色；母牛乳静脉明显，为盆状乳房，呈黑褐色，"白袜子"个体乳房粉红色；蹄质坚实，呈黑色。成年公母水牛体重分别约为509.3 kg和441.2 kg。母牛一个泌乳期泌乳天数为269天，泌乳期平均泌乳量2452.2 kg。母牛一般30月龄性成熟，36月龄第一次配种，妊娠期

A. 槟榔江水牛公牛　　　　B. 槟榔江水牛母牛

图1-7　槟榔江水牛

310天，牛犊出生体重约34.6 kg。

第三节　杂交型水牛

杂交型水牛包括河流型水牛不同品种间的杂交及河流型水牛与沼泽型水牛杂交所产生的后代。我国的杂交水牛通常指用引进的良种水牛与中国本地水牛进行杂交所生的后代，比如摩杂一代（图1-8）、尼杂一代（图1-9）、摩杂二代、尼杂二代及三品杂（图1-10）等，

A. 摩杂一代公牛

B. 摩杂一代母牛

图 1-8　摩杂一代水牛

图 1-9　尼杂一代母牛

图 1-10　三品杂母牛

其细胞染色体核型呈多态性，包括 $2n=50$、$2n=49$、$2n=48$ 三种类型。一般杂交水牛生长速度及产奶量均大大高于本地水牛，杂交二代及三品杂的各项生长指标及生产性能已接近甚至超过原引进品种。

第四节　养殖品种及个体的选择

一、养殖品种的选择

河流型水牛及其杂交后代生长速度快，相同条件下日增重比本地水牛高 50% 以上，成年母牛体重达 600 kg 以上，成年公牛体重达 700 kg 以上，母牛产奶量一般都有 1500 kg 以上，高的甚至超过 3000 kg，大大高于本地水牛。因此，想要效益好，应选择此类水牛进行养殖。

二、个体选择

肉用牛：要挑选头大额宽、鼻孔大、口方、体长皮松、被毛光润细密、全身发育均匀的牛只，总体来说是"头越重越好，蹄越重越好，胸围越大越好"。还要注意性别（公母）和年龄，总体上是"宁公勿母，宁小勿大"。公牛比母牛增重快，并可节省饲料 10%~15%。年龄上牛犊可获得较大的日增重，1~2 岁的牛能充分利用牛生长快和可补偿生长，获得最大的日增重和出栏体重，肉质鲜嫩，成本较低，效益最佳。

奶用牛：除要注意选择河流型水牛品种及其杂交后代外，还要注意挑选脸清秀狭长，眼大有神，体形清秀，胸深、宽，腹大而不下垂，乳房发达，附着良好，乳静脉显露，乳头粗长，分布匀称，四肢端正结实，整个体形侧望呈楔形的牛只。

第二章　水牛场的建设与牛舍布局

第一节　备案登记和动物防疫条件合格证办理

根据2020年发布的《广西壮族自治区畜禽养殖场养殖小区备案管理办法》相关规定，常年存栏100头以上的奶牛养殖场和年出栏50头以上或存栏100头以上的肉牛养殖场，应当备案并取得动物防疫条件合格证。

备案：畜禽养殖场、养殖小区兴办者应当向畜禽养殖场、养殖小区所在地县级人民政府农业农村部门或者乡级畜牧兽医站提出备案申请，填写《畜禽养殖场、养殖小区备案表》，取得畜禽标识代码。

动物防疫条件合格证：凡是依法申请办理《动物防疫条件合格证》的"四类场所"（动物饲养场、养殖小区、动物隔离场所、动物屠宰加工场所、动物和动物产品无害化处理场所），均应经过选址风险评估合格。发证机关要组织开展对兴办四类场所选址进行风险评估。

第二节　场址选择及牛舍的布局原则

一、场址选择原则

牛舍建设地址应选择地势高燥、地形平坦、开阔、背风向阳、空气流通、光照充足、排水良好的地方，并符合环保及其他有关法律法规的要求。

二、牛舍布局原则

牛舍布局的总体原则为利于防疫及生产的安排，见图2-1。消毒池、装牛台设在生产区入口处，生活区设在生产区外，与生产区有一定距离。

图2-1 牛舍布局参考图

第三节 牛舍建设

一、牛舍建造

（1）栏舍朝向：坐北朝南或朝向东南，以利于通风及避免阳光直射。

（2）建筑形式：主要有半开放式及全开放式两种。牛舍及运动场周围设有围栏，高度1.2 m以上。运动场应有遮阴防雨设施。

（3）排列方式：主要有单列式和双列式两种。单列式内径跨度5.0~5.5 m，双列式内径跨度9~11 m。双列式牛舍又有对头式和对尾式两种，可根据需要选择（图2-2至图2-7）。

（4）屋檐高度：2.7 m以上。

（5）顶棚：根据实际选择隔热效果好的材料。有条件者安装通风和水帘等防暑降温设备。

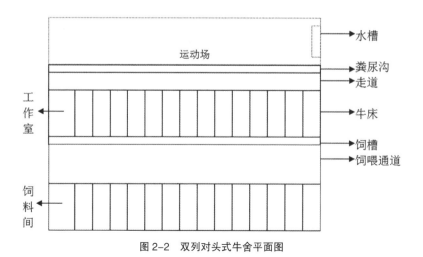

图2-2 双列对头式牛舍平面图

图 2-3　双列对头式牛舍

图 2-4　双列对头式牛舍横切面示意图

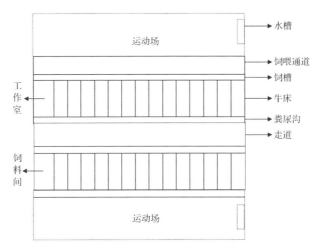

图 2-5 双列对尾式牛舍平面图

图 2-6 双列对尾式牛舍

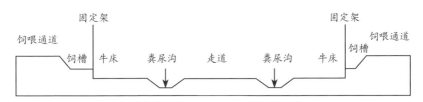

图 2-7 双列对尾式牛舍横切面示意图

二、内部设施

（1）牛床：紧靠饲槽，其长度、宽度取决于牛体形的大小，一般长1.5~1.8 m，宽1.1~1.3 m。

（2）固定架（颈枷）：用镀锌管、钢管作材料，青年牛间隔为18~22 cm，成年挤奶牛间隔为20~27 cm，高度130~150 cm（图2-8）。

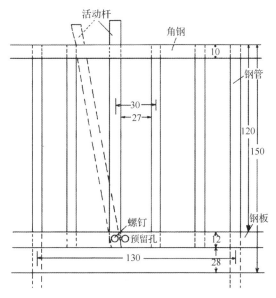

图2-8 牛颈枷结构图（单位：cm）

（3）饲槽和水槽：饲槽设在颈枷前面，与饲喂通道连在一起，槽宽40~50 cm，比饲喂通道低10~20 cm，饲槽底部比牛床高10~20 cm，以方便饲喂及清洁。水槽放在运动场外沿，高50~80 cm，宽40~60 cm，长度可根据牛饲养量而定，也可用牛用自动饮水器代替水槽。

（4）通道：单列式位于饲槽与墙壁之间，宽1.2~1.5 m；双列式中间走道宽1.4~1.7 m，两侧走道宽1.2~1.5 m。如果考虑机械化饲喂通道宽度为2.0~2.5 m。

（5）粪尿沟：对尾式牛舍粪尿沟位于牛床和走道之间，宽20~40 cm，深10~20 cm，顺水流方向设2%~3%坡度。如为对头式则位于靠墙位置。

（6）运动场：与牛舍相连，所需面积按成年奶水牛每头15 m²，育成牛每头10 m²，牛犊每头8 m²计算。运动场四周设120 cm以上高的围墙或栏杆。运动场地面需以水泥混凝土硬化或红砖侧砌，有一定坡度，防止积水。

（7）排水沟：根据牛舍结构决定其位置，以利于排水为原则。

（8）单列式牛舍尺寸可参照双列式牛舍而定，取一边即可。

牛舍内部设施尺寸见表2-1。

表2-1 牛舍内各种设施的尺寸

牛床宽（m/头）	牛床长（m/头）	尿沟宽（m）	尿沟深（m）	走道宽（m）	饲槽内宽（m）	饲槽旁走道宽（m）
1.1~1.3	1.5~1.8	0.2~0.4	0.1~0.3	1.4~1.7	0.4~0.5	1.2~1.5

第四节 配套及附属设施

一、工作室与贮料室

双列式栏舍靠近走道一端设工作室和贮料室各一间，每间面积12~14 m²。单列式牛舍可只设一间工作贮料室。

二、供电设施

220 V的二相电或380 V的三相电，能满足牛场生产及照明的

需要。

三、供水设施

有自来水或地下水，能满足动物饮用和清洁卫生所需。

四、饲草加工设备

根据饲养规模配备相应大小规格的铡草机。

五、青贮池

根据地形分地上式、半地上式、地下式等，可按每头成年奶水牛每天喂青贮料 25 kg，每立方青贮料重 600 kg，根据饲养规模及饲料供应计划决定青贮池的大小。

六、牛舍道路

根据车辆通行的需要确定路面的宽度，要求路面硬化、平坦、无积水，并保持清洁。净道与污道分开。

七、隔离区、病畜隔离治疗室

根据规模的大小在场区外分别设立引种隔离区和病畜隔离治疗室。

八、配种室

在场区内设立配种室，包括固定架、液氮罐、输精枪、显微镜、冰箱、消毒柜、水浴锅及其他配种设备。

九、消毒防疫设施

（一）消毒池

分别建立行人、车辆进出口消毒池，及粪尿、污物等运输出入口消毒池。

（二）车辆消毒池

设立在生产区进场门口处，深度为 10~15 cm，宽 2.5~3.0 m，长 2.5~3.0 m。

（三）行人消毒池

设立在生产区进场门口处，紧靠车辆消毒池的一侧，深 5~10 cm，宽 50~60 cm，长 1.5~2.0 m。

（四）消毒间

生产区入口处设人员更衣消毒室，安装紫外线消毒灯或喷雾消毒设施，通道设消毒池或消毒垫。

十、贮粪池

距离牛舍要有一定距离，贮粪池的底面和侧面要密封，并根据环保要求建立规定面积的沼气池处理牛场排出的污水。

十一、装牛台

根据运输车辆的高度及地形设计装牛台，以经济、方便、适用为原则。

十二、挤奶设施

挤奶可采用人工挤奶或机器挤奶。机器挤奶又分移动式、管道式和厅式，采用何种形式可根据牛群规模、资金条件、经济效益等综合考虑。

第三章　水牛繁殖与杂交改良技术

第一节　水牛的繁殖

一、母水牛的发情

当母水牛卵巢上有卵泡发育成熟（图3-1）准备排出卵子时，母水牛就会发情，显得兴奋不安，喜欢接近公水牛（图3-2），外阴肿胀，阴户有稀薄黏液流出（图3-3），食欲减退。母水牛发情从开始到结束一般为2天左右，如果一次发情没有配上种，母水牛又会进入到下一个发情周期。一个发情周期平均是21天，变化范围为18~24天。

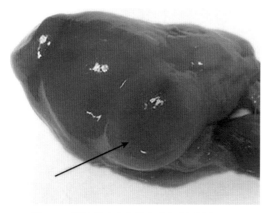

图 3-1　发情母水牛卵巢上发育成熟的卵泡

图 3-2　试情公水牛跟随发情母水牛

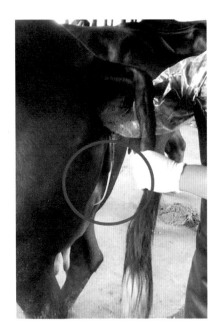

图 3-3　发情母水牛外阴肿胀，阴户有黏液流出

水牛是常年发情动物，但有明显的发情淡季（3~7月份）和发情旺季（8月至次年2月份）之分，发情旺季时的发情次数占全年发情总次数的80%。水牛在发情淡季大部分都会进入休情期，发情变得无规律或者不发情，或者发情表现不明显，很难发现，因此在发情旺季要做好配种计划。

二、水牛的配种

青年母水牛的合适配种年龄约为2岁，体重350 kg以上。由于青年母水牛发情不明显，不易于观察，为了能及时配种，以采取公牛本交的方法为好，公母比例为1:50左右。在育成母水牛群中放入公水牛的另一好处是能促使青年母水牛性成熟及发情排卵提前，达到提早配种受孕的目的。

公水牛一般达到3岁以上可以用于配种。

三、水牛的配种方法

水牛的配种方法主要有公牛本交和人工授精两种。

（一）公牛本交

公牛本交就是让公牛与发情母牛自行交配，这种配种方式受胎率最高，适宜不考虑育种的奶水牛养殖场（户）采用（图3-4）。如果采用公牛和母牛混群饲养，一般1头公牛可以配50~80头母牛。

（二）人工授精

人工授精就是使用冷冻精液给母牛配种（图3-5）。人工授精的受胎率受技术人员的技术水平、输精时间、精液质量等多种因素影响，受胎率往往比较低。人工授精的优点是可以灵活地选用生产性能比较好的公牛精液进行配种，获得好的后代。

图 3-4　公牛本交

图 3-5　人工授精

　　为了提高规模养殖场的繁殖效率，可以采取"人工授精＋公牛本交"的繁殖模式。具体做法是在每年的8~12月采取人工授精配种，这几个月是奶水牛的发情旺盛期，发情相对集中，发情症状明显，易于观察，采用人工授精可以获得较好的效果。剩余月份采用公牛本交，既可节省人力物力，又可以保证相对高的繁殖率，可谓一举两得。

四、水牛的怀孕检查方法

水牛配种后如果观察不到再次发情，过一段时间就要进行怀孕检查，确认是否怀孕，以便调整饲养管理措施。水牛的怀孕检查有直肠检查、B超检查等方法。

（一）直肠检查法

这种方法一般在配种后两个月进行。检查时操作人员戴手套或徒手伸进直肠内，隔着直肠触摸子宫各部位及子宫中动脉、卵巢等，根据其变化做出判断（图3-6）。该方法的优点是不需要任何设备，快捷简便，但其准确性依个人的经验而异，而且时间越早越难判断，并有"摸得着，看不见"的弊端，不够客观。

图3-6 直肠检查

母牛配种后20~30天，子宫变化不大，通过直肠检查正确诊断比较困难。怀孕30~40天时子宫颈体和子宫角变得非常柔软，但此时子宫的体积和形态变化仍不明显，未孕子宫则质地较硬。

怀孕45~50天时，胎儿羊水增多，母牛的一侧子宫角（孕角）变软增大，子宫壁变薄，触摸时手感质地柔软，犹如一个未吹胀气的条状气球。另一侧子宫角仍为弯角状。

怀孕2个月时，子宫角明显变大，子宫角管径5~6 cm，用手指轻压时极富弹性。此时子宫表现容易与有炎症的子宫混淆，炎症子宫也表现为子宫角增粗，内有液体，亦有一定的弹性。两者主要的区别在于，怀孕子宫手感弹性极好，肌层薄而软；而炎症子宫弹性较差，肌层厚而实，手感如未充分发酵的馒头。

怀孕3个月以后，触诊子宫就较易判断了。当手插入直肠骨盆部稍偏右处向下触摸，可摸到一个直径为10~15 cm的球状物，极富弹性。

怀孕4个月时，手插入直肠内20~30 cm，往下按，即可感觉到一个极富弹性的球状物，沿骨盆向前触摸，可感到犹如排球至篮球大小。

怀孕5~8个月时，胎儿增大，整个子宫滑入腹腔，直肠检查时只能在骨盆腔摸到绷紧的子宫颈。

怀孕9个月到临产，胎儿上浮，通过骨盆腔可摸到胎儿头部以及粗大的子叶。

（二）B超检查法

这种检查方法要有专门的兽用B型超声波仪和专业人员操作（图3-7）。方法是在配种后1~1.5个月，用B超探头伸入母牛直肠检查牛的子宫，当屏幕上出现圆形或椭圆形的一个或几个规则的黑色斑块（无回声暗区），母牛极可能怀孕，上述无回声暗区内出现白色斑点（胚体），就可以确认母牛怀孕了（图3-8）。无上述无回声暗区，判断为阴性（未孕），暗区形状不规则或暗区内有散在等回声光点（光斑）为子宫积液。B超检查法的优点是确孕时间较早，准确性高，客观真实，值得推广。

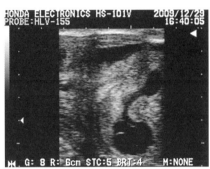

图3-7　B超检查　　　　　　图3-8　母牛怀孕30天的B超图像

如果不能用上述方法进行怀孕检查，也可以根据母水牛的一些表现和变化来辅助判定其是否怀孕。如果母水牛接受配种后经过1~2个发情周期不再发情就可能已经怀孕，但这种"孕后不发情法"准确性不高。母水牛怀孕3个月后性情变得温驯安定，食欲增大，毛色光亮，怀孕6个月后腹围增大，尤其是右下腹部比较明显，乳房发育膨胀，乳头变粗（育成牛最为明显）。也有民间经验可通过观察母牛眼球上的血管粗细来判断母牛是否怀孕。

五、水牛的怀孕期和预产期

（一）怀孕期

不同品种的奶水牛怀孕期长短是不一样的。据统计，摩拉母水牛和尼里—拉菲母水牛（河流型水牛）的怀孕天数平均为305天，本

地水牛（沼泽型水牛）平均为320~330天，杂交水牛平均为310天。

（二）预产期的推算

摩拉母水牛和尼里—拉菲母水牛的预产期为配种日期月份减2，日数加5。如2012年6月10日配种，则其预产期算法为6-2=4，10+5=15，即预产期为2013年4月15日。

本地水牛的预产期比较好推算，用配种日期的月份减1即可。同样是2012年6月10日配种，则其预产期算法为6-1=5，即预产期为2013年5月10日。

杂交水牛的预产期为月份减2，日数加10。同样是2012年6月10日配种，则其预产期算法为6-2=4，10+10=20，即预产期为2013年4月20日。

六、水牛的分娩接产

分娩俗称产仔，是指母水牛在怀孕期满后将胎儿产出的过程。

（一）临产症状

乳房变化，产前约半个月母水牛的乳房开始膨胀，一般在产前几天可以从乳头挤出黏稠浅黄色液体。产前2~3天乳头绷紧胀亮，可以从乳头挤出乳黄色初乳。

阴门分泌物，产前15天左右母水牛外阴开始肿胀、下垂，产前2~3天原来封闭在子宫颈的黏液栓溶化流出。

尾根塌陷，怀孕终末期骨盆腔韧带软化，尾根两侧（臀部）有塌陷现象，产前2~3天尾根两侧肌肉明显塌陷。

排稀便，大部分母水牛产前1~2天粪便变稀，粪便越稀产期越近。

宫缩，临产前子宫活动加剧，如母水牛表现起卧不安，频频排粪排尿，说明产期在即，应做好接产准备工作。

观察到以上临产症状后，应停止放牧，夜晚不放出运动场，有条件的应将母水牛拴入产房，做好接产准备。

（二）接产

准备好接产常用物品，如碘酒、药棉、消毒水、稻草等。

清洗临产母水牛身体，特别是后躯，并用消毒水消毒阴部、尾根等部位。

清洗地板，铺垫干稻草。

如果羊水流出超过30分钟胎儿还不能正常产出，则需进行助产。如果已经看见胎儿的两只前脚或两只后脚，助产者可以抓住其两脚按母水牛努责的节奏顺势将胎儿拉出，阻力较大时可用绳索绑住胎儿两脚再拉。如遇到其他难产情况则需要请兽医处理。

（三）分娩后的护理

分娩后立即喂给母水牛足量温盐水或红糖水，同时供给优质易消化的青饲料，补充体液和能量。如果是用于挤奶的奶水牛，第一次挤奶应在产后1小时内进行，不必挤完，以后逐渐增加，至第四天起可全部挤净。

七、母水牛的繁殖障碍

母牛水的繁殖障碍是指母水牛不能正常配种怀孕，主要有不发情、持续发情、屡配不孕、习惯性流产等。

（一）不发情

导致不发情的因素主要有尚未达到性成熟年龄（小牛）或者年龄过大（老牛）、营养不良（瘦弱）或者营养过剩（肥胖）、季节因素（夏季发情少或者发情不明显）等。年龄过小的牛需要等到足够年龄再配种，年龄过大的已无法再发情，需要淘汰处理。营养不良的要加强营养，营养过剩的要减少营养。夏季观察不发情的可以做同期发情，也可以等到秋天以后再观察发情配种。

（二）持续发情

持续发情的主要原因是卵巢（卵泡）囊肿。这是由于母水牛体内生殖激素紊乱造成的，可以用促性腺激素释放激素类似物（GnRH）、促黄体素（LH）、绒毛膜促性腺激素（HCG）等进行治疗。

（三）屡配不孕

屡配不孕的主要原因是生殖系统疾病，通常是指子宫炎症。造成子宫炎症的主要原因是产后感染或者配种感染，患病后母水牛发情时常常可以发现其阴户流出的黏液带有炎症产物，如黏液带血、带脓等，也有些属于轻微炎症，可能观察不到炎症症状，只是多次配种不孕。这些情况都需要进行子宫炎症的消炎处理。

1.预防

在母水牛产后第5天、第10天、第15天各用土霉素粉3 g、依沙吖啶粉0.5 g共溶于500 mL盐水中灌注冲洗子宫，以后根据子宫恢复情况确定是否需要补充净化处理，胎衣不下的用土霉素原粉每次5 g、依沙吖啶粉每次1 g，连用4~5次。

2.治疗

（1）宫内抗生素治疗：常用抗生素为土霉素、庆大霉素、青霉素、新霉素、氧氟沙星等，也可以根据实际情况选择其他治疗子宫炎症的药物。

（2）全身和局部同时治疗（适用于脓毒性子宫炎）：每天静脉注射或肌内注射青霉素钠800万单位1~2次；同时用土霉素4~6 g子宫内治疗，或青霉素钠800万单位溶于250 mL盐水中子宫内治疗，每天一次，一个疗程3~5天。先用0.5%高锰酸钾或活性碘制剂冲洗子宫，使大部分或所有脓液排尽后，再进行子宫内治疗更有效。

3. 习惯性流产

习惯性流产可以用黄体酮（P4）进行保胎，具体用法如下：

（1）怀孕早期习惯性流产，怀孕1.5个月后肌内注射黄体酮100 mg，以后每隔10天注射1次，连用4~5次。

（2）怀孕中后期习惯性流产，肌内注射3天，每天100 mg，以后每周重复1次，连用3周。或按药物说明书使用。

第二节 水牛繁殖相关技术

一、水牛发情鉴定技术

在水牛繁殖过程中，发情鉴定是重要的环节，通过发情鉴定判断母水牛的发情阶段，确定配种时间，从而提高受胎率。鉴定母水牛发情的方法有外部观察法、试情法、直肠检查法和B超检查法等。

（一）发情鉴定方法

1. 外部观察法

母水牛在发情期间，不太合群，比平时显得兴奋，神经过敏，表现不安，在栏内常站在一角，放牧时常抬头四望，食欲较差，采食较狂躁，外阴充血肿胀，并流出半透明的黏液，产奶量降低。当有公水牛在场时，喜欢接近公水牛并接受公水牛爬跨。

2. 试情法

由于母水牛在发情时，发情症状不如黄牛明显，在进行人工授精时，常用试情公水牛来对母水牛进行试情，以帮助发现发情的母水牛。试情公水牛是指通过外科手术结扎输精管的公水牛，这种公水牛能保持正常的性欲，能爬跨和交配，但交配时射出的精液中不含有精子，不能使母水牛怀孕。试情法的优点是简便、表现明显、容易掌握。

3. 直肠检查法

将手伸进母水牛的直肠内，隔着直肠壁检查卵泡的发育情况，以便确定配种适期。检查时要有步骤地进行，每次检查时一定要先从子宫颈开始，再逐步到子宫体、子宫角，最后找到卵巢后用指腹轻轻触诊，检查卵泡发育情况，切勿用力压挤，以免将成熟卵泡挤破。本法的优点是可以比较准确地判断卵泡的发育程度，确定配种时间，同时也可顺便进行妊娠诊断，避免给怀孕牛配种而发生流产。

4. B 超检查法

B 超检查法的方法步骤跟直肠检查法基本一致。借助 B 超帮助观察母水牛卵巢上卵泡发育的大小，能清晰地区别黄体和卵泡，能客观地测量卵泡的大小，受人为因素影响较小（图 3-9）。B 超检查法技术培训见图 3-10。

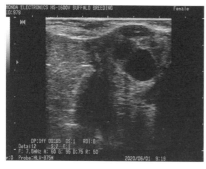
A. 优势卵泡

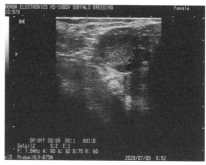
B. 排卵后黄体

图 3-9　B 超检查法

图 3-10　Ｂ超检查法技术培训

（二）常见的母水牛异常发情

1. 安静发情

母牛阴道有少量黏液排出，卵巢有滤泡发育并排卵，但外在的症状表现不明显，或发情时间短，不易察觉。

2. 假发情

母牛外在发情症状明显，但不排卵。有的母牛由于营养不良但雌激素量高，发情表现与卵泡的发育情况不相适应。有些母牛妊娠后也会出现发情现象。

3. 连续发情

母牛生殖系统有疾病，如卵巢囊肿等可导致连续发情。

4. 孕后发情

有个别母牛在怀孕后 2~3 个月出现孕后发情现象。母牛接受爬跨，或阴户有少量黏液排出，但不会真正排卵，如果不进行直肠检查就进行人工授精易造成流产。

5. 不发情

空怀水牛既不发情，也不排卵，母牛过肥或过瘦都可出现该现象，老牛、患有卵巢或子宫疾病的母牛也可出现。

（三）适时输精的相关症状

（1）外阴从肿胀到表现皱纹明显时。

（2）阴道黏膜从粉红变潮红，再从潮红变暗红（紫红）时。

（3）阴道黏液从少到多，从稀到稠、浓稠或糊状（灰白色或乳白色）时。

（4）子宫颈从开到微闭时。

（5）卵巢滤泡发育从小变大，到一触即破时。

二、水牛人工授精技术

水牛人工授精操作主要包括以下几个环节：母牛的发情检查、发情母牛的保定、精液解冻、装枪、输精、记录、怀孕检查及预产期计算等。

（一）母牛的发情检查

要给母牛配种，应当了解母牛以下信息：母牛是育成牛还是经产牛，是否有公牛跟群，经产母牛产后是否已超过1.5个月，母牛是否有生殖道疾病，什么时候开始观察到发情，发情表现是什么，等等。当母牛条件符合人工授精要求时，即可对母牛进行发情检查，判断配种时间。母牛发情流出的黏液见图3-11。

图 3-11　母牛发情流出的黏液

（二）发情母牛的保定

在场站内配种时应该尽量将母牛赶进保定架内，夹颈、绑尾、淘粪、消毒外阴之后，再进行人工授精。长期进行人工授精的牛场，因母牛已适应相应操作，反抗一般较弱，在其原来习惯的位置关上颈夹即可配种。如果上门服务，没有保定架，也应就地取材，选择能夹住牛颈的树桩、竹竿等，充分保定，减少操作时母牛反抗对牛、人造成伤害。各种保定方式见图3-12、图3-13、图3-14。

图 3-12　用竹竿阻拦保定

图 3-13　用树兜保定

图 3-14　用保定架保定

（三）精液解冻

1. 选取冻精

从液氮罐选取冻精时动作要快，不要把冻精提筒提到罐口外，细管应在罐口以下5 cm，充满液氮的提筒可在罐口以内停留10秒，若10秒内未完成取精，必须将提筒浸入液氮30秒后再重新进行。细管从取出到放入水浴锅的过程不能超过5秒。任何情况下未解冻的冻精在空气中暴露的时间都不得超过15秒，否则将报废。

2. 解冻水温

解冻水温为36~38℃，水浴解冻30~45秒，解冻时要不停摇晃冻精管，以使冻精管周围水温保持一致（图3-15）。

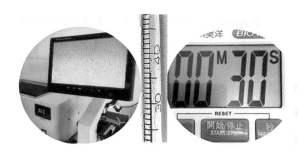

图3-15 解冻水温为36℃，水浴解冻30秒

3. 活率检查

精子镜检活率不能低于0.3，低于此活率的精液不能用于输精。

4. 解冻后的保管

精液夏天要避免阳光（紫外线）照射，冬天要放贴身口袋，避免低温伤害，尽量在精液解冻1小时内完成输精。

（四）装枪

目前水牛人工授精用的细管输精枪容量为0.25 mL。装枪前，要将冻精细管表面的水珠擦干，最好再用75%酒精消毒，防止水浴锅污染，冬季冷时可用纸巾擦拭枪头，使输精枪的温度与细管精液的温度尽量相近，降低精子冷打击。装枪时将细管有棉塞的一端朝内，放入输精枪金属管内，用消毒后的剪刀在距枪口10 mm处剪去细管封口端，剪口要求平整，再套上相应规格的专用外套管，压紧，防止输精时精液倒流。装枪时不要用脏手接触冻精管的开口端，使用带外层塑料护套的套管，护套一定要锁紧。外层塑料护套在进入母牛子宫颈前扯出，避免将污染物带入子宫。

（五）输精操作

一般要求进行子宫体输精，人工授精技术人员要熟悉母牛生殖系统解剖结构。输精时一手持枪，一手伸入母牛直肠内，先并拢五指作半握拳状向下压迫，使母牛外阴张开，露出清洁区后，输精枪稍倾斜向上（45°）避开尿道口插入阴道（图3-16），超过尿道口后将枪的后端适当抬起，向前推至阴道一半时往后扯出塑料保护套再继续往前插（图3-17）。如果输精枪不能轻松前进，可将宫颈轻轻往里送，使阴道伸展拉直，此时输精枪即可轻松推进至宫颈外口。

图3-16　输精枪稍倾斜向上（45°）避开尿道口插入阴道

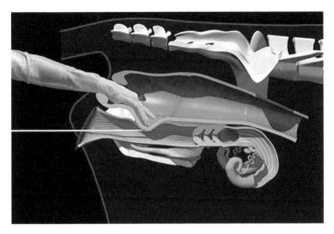

图 3-17　输精枪推至阴道一半时往后扯出塑料保护套

因宫颈外口多呈"花瓣"样结构，且发情末期宫颈口已基本收缩闭合，多数情况下输精枪不能一次找准中央颈口，此时应两手配合轻柔地进行试探，直至输精枪进入（图3-18）。

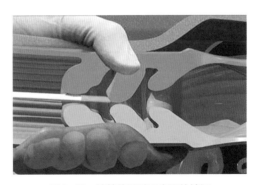

图 3-18　输精枪通过子宫颈的皱褶

用同样方法通过宫颈的2~3道皱褶，到达子宫体时应有"空、松"感，此时将输精枪后退1 cm（防止输精枪口被子宫内壁封堵造成精液倒流），即可将精液缓缓注入（图3-19）。

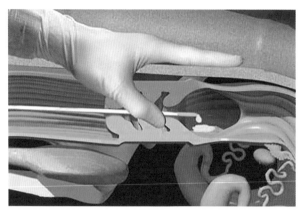

图 3-19　在子宫体内输精

输完精后稍做停顿，手握宫颈将枪徐徐退出，并可用拇指压住宫颈外口轻轻按摩片刻，减轻母牛应激（图 3-20）。

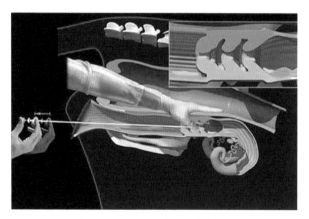

图 3-20　缓慢退出并压住宫颈外口

关于单侧、深部输精：有学者统计的资料表明（黄牛），无论何种精液、何种情况，都没有必要进行单侧、深部输精，只需进行子宫体输精即可（排卵 4 小时以内的补配除外）（图 3-21）。

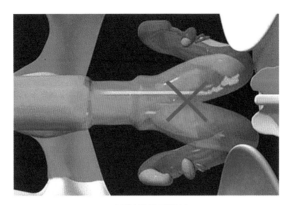

A. 不提倡单侧输精

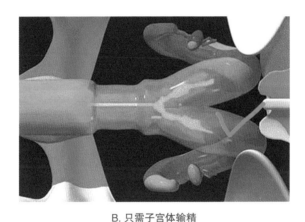

B. 只需子宫体输精

图 3-21 关于单侧、深部输精

关于双倍量输精：同一次输精没有必要使用2支冻精。

关于重复输精：视情况如有必要隔8~12小时重复输精，有助于提高受胎率。

（六）资料记录

输精完毕后，应填写和保存母牛人工授精表，并在怀孕检查后填写孕检记录。怀孕母牛需要计算母牛预产期。

三、水牛同期发情技术

母牛的发情是受体内激素变化所引起的一种生理行为，利用外源激素及类似物对母牛进行处理，诱发母牛群集中在一定时间内发情并排卵的方法，叫水牛的同期发情。应用同期发情技术可以有计划地组织人工授精、胚胎移植等繁殖活动。

技术人员在开展水牛同期发情工作时，会根据不同需要采用不同的处理方案，常用的激素药物有氯前列醇钠（PGc）、促性腺激素释放激素（GnRH）、孕马血清促性腺激素（PMSG、eCG）、孕激素阴道栓（CIDR）等，其中的氯前列醇钠（PGc）最主要作用是溶解黄体，因此做同期发情时必须要先给母牛摸胎，没有胎的母牛才可以做，否则会造成怀孕母牛流产。

目前主要的同期发情处理方案有以下几种。

（一）GnRH+PGc+GnRH法

在任意天（当日记为0天）给每头母牛肌内注射 GnRH 100 μg，第7天注射 PGc 0.4～0.6 mg，第9天肌内注射 GnRH 100 μg，12～48小时检查母牛发情情况，适时配种（图3-22、图3-23）。

采用本方案处理的母牛平均发情率91.7%，平均排卵率60%～86%，

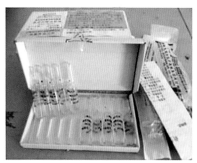
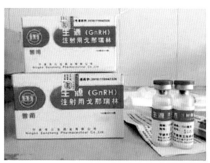

图3-22　氯前列醇钠（PGc）和促性腺激素释放激素（GnRH）

排卵时间间隔33±8.3小时，受胎率33%~60%。以下因素可提高效率：卵巢上有优势卵泡、繁殖季节、经产母牛。

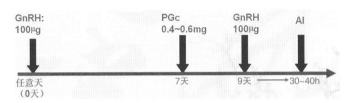

图 3-23　GnRH+PGc+GnRH 法处理方案

（二）PGc 注射法（一次 / 二次）

在任意天（0 天）给每头母牛肌内注射 PGc 0.4~0.6 mg，注射后3~6天检查发情情况，适时配种；打针后不发情的母牛第9天重新注射 PGc 0.4~0.6 mg，注射后3~5 天检查发情情况，适时配种（图3-24）。

采用本方案处理的母牛发情平均时间为 88 小时（范围为48~144小时，有78% 是在 72~96小时）。平均排卵时间是100小时（范围为60~156小时，有81% 是 84~108小时），人工授精的受胎率平均是 35%~45%。当处理时卵巢上没有优势卵泡时，在 4~6 天后表现发情，而当卵巢上存在优势卵泡时，在处理后2~3天表现发情。采用本方案处理出现发情的时间间隔和排卵的时间间隔变化都很大，固定时间配种的方案是不可行的。

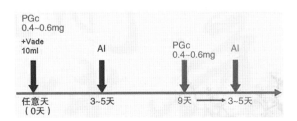

图 3-24　PGc 注射法处理方案

（三）PMSG+PGc 法

在任意天（0天）给每头母牛肌内注射 PMSG 800 IU，48小时后肌内注射 PGc 0.4~0.6 mg，肌内注射 PGc 后3~5天检查发情，适时配种（图3-25）。

采用本方案处理的母牛平均发情率84.21%。平均排卵率50%。排卵时间是72~96小时，受胎率约40%，缺点是往往出现多滤泡发育和囊肿现象，影响到母牛排卵。

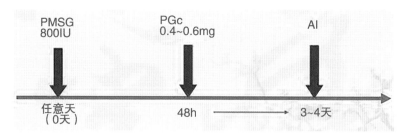

图 3-25　PMSG+PGc 处理方案

（四）CIDR+PGc+GnRH 法

在任意天（0天）插入阴道栓（CIDR），第9天肌内注射 PGc，第10天撤栓，同时肌内注射 GnRH，观察发情并配种。采用此方法，在水牛发情淡季效果好，同期发情率达75%~85%，受胎率50%左右。但成本相对高些。

各种同期发情方法的优缺点：

常见的几种处理方法各有优势，也都不同程度存在一些不足。如 PGc 一次注射法，优点是方案简洁，仅需一次注射，操作十分简便，费用也最少，但缺点也十分突出。PGc 对卵巢有较强的选择性，卵巢上有功能黄体（大于5d）的发情率高，有大卵泡的发情排卵早，如果母牛不经选择，该方案总体效率不高。PMSG+PGc 处理相对于

PGc 一次注射法，能获得较高的发情率，处理也比较简单，处理周期短，但 PMSG+PGc 处理往往出现多滤泡发育和囊肿现象，上述两种处理方案排卵率相近，分别为54.17%和50.00%。用孕激素阴道栓（CIDR）处理对爱泡水打滚的水牛来说也有缺点，CIDR 放置时间长，易诱发阴道感染，水牛斜尻现象普遍，也易出现较高的掉栓率，相关试验表明，掉栓率为11%（15/137），发情率为85.13%。用 GnRH 处理需进行三次注射，周期偏长（9天），激素成本也较高，但可以获得良好的发情率和排卵率，同时排卵时间范围小，较其他方法处理的更易于掌握，还可以减少检查次数，便于开展定时输精和胚胎移植。

四、水牛的性别控制技术

水牛的性别控制技术是指通过科学技术手段，给母牛进行人工授精或胚胎移植后生产出预先知道牛犊性别的一种技术。目前主要有以下三种方式。

第一种是通过仪器（流式细胞仪）在实验室将公牛的精液分成2种，经分离后的精液就叫作性控精液，一种是含有 X 精子的精液，另一种为含有 Y 精子的精液。用含有 X 精子的精液给发情母牛配种，怀孕后生出的小牛就是母牛；用含有 Y 精子的精液给发情母牛配种，怀孕后生出的小牛就是公牛。使用这种技术后出生的牛犊的公母准确性约为88%，广西从2002年开始使用，目前在广西壮族自治区畜禽品种改良站有性控冷冻精液发放出售。

第二种是用性控精子生产胚胎，再用这种已知性别的胚胎给母牛进行胚胎移植，怀孕后母牛也能生出已知性别的小牛。

第三种是生产出普通胚胎，在实验室通过技术手段鉴别胚胎的性别并分类，然后再用分类后的已知性别的胚胎给母牛进行胚胎移植，怀孕后的母牛也能生出已知性别的小牛。

后两种方法技术难度太大，成本高，效率低，目前在生产上尚无法使用。

五、水牛活体采卵—体外胚胎生产—胚胎移植技术

活体采卵的方法是借助 B 型超声波仪器图像引导，利用 B 超探头自牛体外穿过子宫壁从活牛卵巢上采集卵母细胞，经体外受精后生产胚胎（图 3-26）。然后把在体外发育成的囊胚，用新鲜胚胎或冷冻胚胎移植给自然发情或经同期发情的受体母牛代孕生产试管水牛。利用此现代水牛育种技术可使水牛快速扩繁。传统水牛改良育种方式和现代水牛育种生产方式对比见图 3-27。

图 3-26　活体采卵

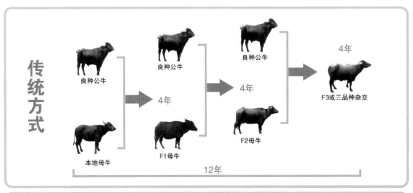

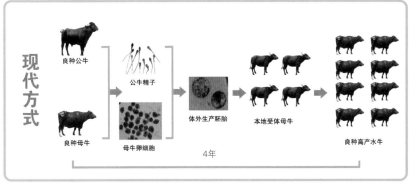

图 3-27　传统水牛改良育种方式和现代水牛育种生产方式对比

六、体细胞克隆技术

采集高产母牛耳缘组织，通过体细胞核移植技术生产体外克隆胚胎，将胚胎移植给低产母牛，可借腹怀胎生产具有预知生产性能的牛犊。

第三节　水牛的杂交改良

我国的水牛除引进的摩拉水牛、尼里—拉菲水牛、地中海水牛以及云南省的槟榔江水牛外，全部属于沼泽型水牛，俗称本地水牛或本地牛，主要用途是耕田和拉车。这些水牛普遍存在生长速度慢、个体小、产肉产奶少的缺点，所以卖价低，经济效益差。而引进的摩拉水牛、尼里—拉菲水牛、地中海水牛等水牛品种属于河流型水牛（简称良种水牛），这类水牛有生长速度快、个头大、产肉产奶多的特点，卖价好，经济效益高。为了提高本地水牛的养殖效益，选用良种公牛（或精液）跟本地母牛（或杂交母牛）进行配种，生出的小牛就是杂交水牛，杂交水牛有生长速度快、个头大、产肉多的特点，产奶性能也会随着杂交代数增加而提高，养殖户饲养杂交水牛的收入也随之增加，这种做法就是水牛的杂交改良。

本地水牛和摩拉水牛、尼里—拉菲水牛、地中海水牛以及杂交水牛之间可以互相交配、怀孕和正常产仔，按照不同的杂交方式大概可以分为一代杂（杂交一代）、二代杂（杂交二代）、三代杂（杂交三代）、三品杂（三元杂）以及乱杂等（图3-28）。

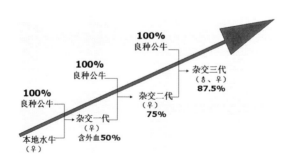

图3-28　水牛杂交改良模式图

一、一代杂

良种公牛与本地母牛交配，生下的小牛就叫一代杂，用摩拉公牛配出来的简称摩杂一代，用尼里—拉菲公牛配出来的简称尼杂一代，用地中海公牛配出来的简称地杂一代。一代杂具有外国水牛生长速度快、个头大、产肉多的特点，适合育肥作肉用，但产奶量总体上比不上良种牛，此类公牛不能留作种用。

二、二代杂和三品杂

良种公牛与一代杂母牛交配，生下的小牛就叫二代杂或三品杂，用摩拉公牛配摩杂一代母牛生出来的称为摩杂二代，用尼里—拉菲公牛配尼杂一代母牛生出来的简称尼杂二代，用地中海公牛配地杂一代母牛生出来的简称地杂二代。还有一种情况，小牛的父亲和小牛的爷爷属于不同品种，比如用摩拉公牛配尼杂一代或地杂一代，或用尼里—拉菲公牛配摩杂一代或地杂一代，以及用地中海公牛配摩杂一代或尼杂一代，这类杂交品种统称为三品杂或三元杂。二代杂和三品杂具有外国牛生长速度快、个头大、产肉多的特点，适合育肥作肉用，产奶量总体上达到良种牛的80%~90%，此类公牛不宜留作种用。

三、三代杂

用良种公牛与相应的二代杂交配，生出的小牛称为三代杂，三代杂基本具备与良种牛相同的生长速度和产肉、产奶性能。

杂交可以无限进行，也叫级进杂交，后代称为高代杂，一般四代以上已基本接近良种牛，公牛也可以留作种用。

四、乱杂

用一代杂或二代杂公牛配种不是正统的杂交模式，也可以称为乱杂。乱杂后代生长速度和产肉性能可以接受，但产奶性能提高不大，特别是用一代杂或二代杂公牛配种本地母牛，效果较差，因此不建议采用乱杂的方法进行水牛的杂交改良，也不应将一代杂或二代杂公牛留作种用。

第四章　水牛饲料及日粮配制

第一节　水牛常用饲料

水牛常用饲料包括粗饲料、青绿多汁饲料、青贮饲料、能量饲料、蛋白质饲料、矿物质饲料、维生素饲料、添加剂等。

一、粗饲料

粗饲料是指在干物质中粗纤维含量大于或等于18%，并以干物质形式饲喂的饲料，这类饲料的特点是粗纤维含量高、体积大、难消化、可利用养分少，但可起到填充作用，使动物产生饱腹感。粗饲料是水牛的主要饲料来源，包括栽培牧草干草、野干草和农作物秸秆，此外，还包括秕壳、荚壳、藤蔓类和一些非常规饲料资源，如树叶类、竹笋壳、糟渣等。

二、青绿多汁饲料

青绿多汁饲料是指天然水分含量45%以上的饲料，主要特点是大部分青绿多汁饲料的水分含量为60%~80%，干物质中含粗蛋白质含量占10%~20%、粗脂肪含量占4%~5%、粗纤维含量占18%~30%、钙含量占0.25%~0.5%、磷含量占0.20%~0.35%。大部分青绿多汁饲料柔嫩多汁，具有良好的适口性和可消化性，有机物质的消化率可达60%以上。这类饲料主要包括天然牧草、栽培牧草、青饲作物、叶菜类、树叶和水生饲料。饲喂时应注意青饲料不易放置过久，否则容易发霉或变味造成水牛氢氰酸中毒和饲料浪费。

三、青贮饲料

青贮是指将新鲜的青绿多汁饲料在收获后经适当处理或直接切碎、压实、密封于青贮窖、壕或塔内，或用打包机打包等，在厌氧环境下乳酸菌大量繁殖，抑制霉菌和腐败菌的生长，并达到把青贮饲料中的养分长期保存下来的目的。青贮是解决对草食动物长年均衡供应青绿饲料的重要技术措施。制作青贮饲料的青绿多汁饲料原料主要有新鲜的玉米秸秆、象草类牧草、甘蔗尾叶、红薯藤等。青贮过程中产生大量芳香族化合物，使饲料具有酸香味、柔软多汁，改善了饲料的适口性，是一种长期保存青绿饲料的好方法。

四、能量饲料

能量饲料指干物质中粗纤维含量低于18%、粗蛋白含量低于20%的饲料，主要有谷物类（包括玉米、高粱、小麦、大麦、稻谷、燕麦、粟、荞麦等）、糠麸类（包括小麦麸、米糠和大豆皮等）、块根块茎类（包括红薯干、马铃薯、木薯、饲用甜菜等）、油脂类、糖蜜、瓜果类及草籽、树籽类等。

五、蛋白质饲料

蛋白质饲料是指干物质中粗纤维含量低于18%、粗蛋白含量高于（含）20%的饲料，包括植物性蛋白质饲料、微生物蛋白饲料和非蛋白氮饲料（尿素）。植物性蛋白质饲料包括豆科籽实类（如大豆、蚕豆、豌豆、棉籽等）、油料饼粕类（如大豆饼粕、棉籽饼粕、花生饼粕、菜籽饼粕、胡麻饼粕、向日葵饼粕、芝麻饼粕和蓖麻饼粕等）、玉米加工的副产品（玉米蛋白粉、玉米胚芽饼、玉米酒精糟）、糟渣类（如麦芽啤酒糟、酒糟、豆腐渣、粉渣、苹果粕渣或苹果渣发酵饲料）等。蛋白质饲料可用来补充其他蛋白质含量低的能量饲料，以组成平衡日粮。

在母水牛临产前建议不要饲喂棉籽粕以防产前棉酚中毒，种公牛不要饲喂棉籽粕，因为会影响繁殖率。花生饼粕易染黄曲霉菌，因此应随时加工随时使用，不要长期贮存。

六、矿物质饲料

矿物质饲料包括工业合成的或天然的单一矿物质饲料、多种矿物质混合的矿物质饲料以及有载体或稀释的矿物质添加剂饲料。主要包括石粉、轻质碳酸钙、贝壳粉、磷酸钙、磷酸氢钙、骨粉、食盐、微量矿物质饲料等。

七、维生素饲料

维生素饲料是指由工业合成或提纯的单一或复合维生素制品，包括脂溶性维生素饲料和水溶性维生素饲料。脂溶性维生素饲料包括维生素 A、维生素 D、维生素 E、维生素 K 等的制品，水溶性维生素饲料包括 B 族维生素的维生素 B_1、维生素 B_2、维生素 B_6、维生素 B_{12}，以及泛酸、烟酸、生物素、胆碱、叶酸、维生素 C 等的制品。

八、添加剂

添加剂是指各种用于强化饲养效果，有利于配合饲料生产和储存的非营养性添加剂原料及其配制产品。传统广义的饲料添加剂包括营养性添加剂和非营养性添加剂两类，前者主要包括氨基酸、维生素和微量元素添加剂等，后者主要包括生长促进剂、动物保健剂、助消化剂、代谢调节剂、动物产品品质改进剂和饲料保护剂等。

第二节　水牛日粮配制的一般原则

一、遵循动物营养的原则

水牛日粮配制目标就是满足水牛不同品种（本地水牛或良种水牛）、不同生理阶段（生长期或泌乳期）、不同生产目的（役用、肉用或奶用）以及不同生产水平等条件下对各种营养物质的需求（参照相关饲养标准），以保证最大程度地发挥其生产性能及得到较高的产品品质。

二、多种饲料原料搭配使用

每种饲料原料都有其独特的营养特性，有的以供应能量为主（如能量饲料），有的以供应蛋白质为主（如蛋白质饲料），有的以供应粗纤维为主（如粗饲料），有的以供应矿物质或维生素为主。因此，要保证原料多样化，尽量选择适口性好、来源广、营养丰富、价格便宜、质量可靠的饲料原料，达到养分互补，提高全混合日粮的全价性和饲养效益。

三、考虑水牛的消化生理特点

水牛是反刍动物，对于牛犊之外的水牛而言，养好水牛即是养好瘤胃内的微生物，一定要保持瘤胃微生物的生态平衡，正常的瘤胃内 pH 值一般在6.2~6.8，一定要保证有足够多的粗饲料才能维持瘤胃内生态平衡，因此，水牛日粮要以青贮饲料、粗饲料为主，适当搭配精饲料。

第三节　水牛日粮的配制方法

一、确定营养需要

根据相关的饲养标准，确定牛群的营养需要。

二、选择饲料原料

根据当地的实际情况，选择来源丰富、成本较低的原料。精饲料一般为玉米、豆粕、棉粕、麦麸等，粗饲料为象草、玉米秆、甘蔗尾、苜蓿草、燕麦草、啤酒渣、菠萝皮、木薯渣、豆渣等，并根据饲料营养成分表查出选定的饲料原料的营养成分。

三、确定精粗比

一般育成水牛的饲料精粗比为20~30∶80~70，挤奶水牛为30~40∶70~60。

四、合理进行日粮配制

日粮中一般应包括鲜草（或青贮饲料）、干草、精饲料、微量元素预混料等，有条件的还可加入啤酒渣、豆渣等，以青贮饲料为主的要加入小苏打，根据不同阶段的营养要求配制。配制好的日粮中干物质一般为30%~45%，不应低于25%；粗蛋白水平为10%~15%。

第四节　水牛典型日粮配方

各地可根据当地的饲料资源情况进行不同的饲料搭配，以降低养殖成本。下面介绍几种常用的日粮配方。

一、奶用水牛各阶段精饲料配方（供参考）

（一）牛犊

玉米58%，豆粕27%，小麦麸10%，磷酸氢钙2%，石粉1%，食盐1%，微量元素添加剂1%。粗蛋白含量占19.3%，总能量18.0MJ/ kg。

（二）育成牛

玉米58%，豆粕24%，小麦麸12%，磷酸氢钙2%，石粉1%，食盐2%，微量元素添加剂1%。粗蛋白含量占18.3%，总能量17.7MJ/ kg。

（三）挤奶牛

玉米56%，豆粕25%，小麦麸12%，磷酸氢钙2%，石粉2%，食盐2%，微量元素添加剂1%。粗蛋白含量占18.5%，总能量17.6MJ/ kg。

二、全混日粮（TMR）配方（每头每天用量）

（一）育成牛（体重约250 kg）

象草（或象草青贮、甜玉米秆青贮）20 kg，玉米粉1 kg，豆粕

0.4 kg，麦麸0.2 kg，磷酸氢钙0.05 kg，食盐0.025 kg，微量元素添加剂0.025 kg。干物质中含粗蛋白含量占11.0%，总能量16.0MJ/ kg。

（二）挤奶牛（体重约600 kg，日产奶约7 kg）

甜玉米秆青贮（或象草、象草青贮）30 kg，玉米粉3.3 kg，豆粕1.8 kg，麦麸0.7 kg，磷酸氢钙0.1 kg，食盐0.05 kg，微量元素添加剂0.05 kg。干物质中含粗蛋白含量占14.0%，总能量17.9MJ/ kg。

三、肉牛日粮配方

肉牛不同体重阶段的日粮配比见表4-1、表4-2。

表4-1 肉牛不同体重阶段的日粮配比参照表（象草为主）

单位：kg

饲料种类	体重		
	150	300	450
象草	15	30	35
玉米粉	0.8	0.8	2
豆粕	0.6	0.6	0.6
麦麸	0.2	0.2	0.4
磷酸氢钙	0.05	0.05	0.05
微量元素添加剂	0.025	0.025	0.05
食盐	0.025	0.025	0.05
合计	16.7	31.7	38.15
干物质	4.2	6.9	9.1
干物质中粗蛋白含量	13.1%	11.1%	10.7%

表4-2 肉牛不同体重阶段的日粮配比参照表（甜玉米秆青贮为主）

单位：kg

饲料种类	体重		
	150	300	450
甜玉米秆青贮	13	22	30
玉米粉	0.7	1.0	2
豆粕	0.2	0.3	0.3
麦麸	0.6	0.2	0.2
磷酸氢钙	0.05	0.05	0.05
微量元素添加剂	0.025	0.025	0.05
食盐	0.025	0.025	0.05
合计	14.6	23.6	32.65
干物质	4.4	6.5	9.2
干物质中粗蛋白含量	13.5%	10.6%	10.2%

注：参照《中国建议肉牛饲养标准2004》制定。

第五章　水牛的饲养管理

第一节　牛犊饲养管理

一、牛犊的消化特点

牛犊即6月龄以内的小牛，其中又分为哺乳牛犊和断奶牛犊。

初生牛犊虽然与成年牛一样有四个胃，但前三个胃（瘤胃、网胃、瓣胃）很小（仅0.5~1.6 L），其消化功能与非反刍动物一样全靠真胃。

二、初乳的营养特点及功能

（一）初乳的营养特点

初乳是母牛产犊后7天内的乳汁，其色泽较深且黏稠，第一次初乳的干物质含量为常乳牛的2倍，尤以蛋白质、灰分和维生素 A 的含量高，其中维生素 A 是常乳的8倍，蛋白质是常乳的3倍。其他还有维生素 E、白蛋白、免疫球蛋白和丰富的钙、磷、钠、镁、钾、氯等。

（二）初乳的功能

（1）初乳含大量的免疫球蛋白，具有抑制和杀灭各种病原微生物的功能，可使牛犊从母体获得免疫。但这种特性随着时间的推移而迅速减弱，大约在牛犊出生后36小时消失。新生牛犊没有成年水牛的免疫机制，完全依靠母体抗体来抵抗外来感染，牛犊在子宫内通过胎盘从母体获得抵抗力，出生后必须立即从饲喂的初乳中获得抵抗力，且只限于血清蛋白中的球蛋白。

（2）初乳中含有极其丰富的各种盐类，其中镁盐就比常乳多一倍，其具有轻泻性，有利胎粪排出。

（3）初乳黏度较大，对牛犊的胃肠道有良好的保护作用。

（4）初乳的酸度高，可刺激胃黏膜产生胃酸和各种消化液，同时抑制进入胃肠道中的有害微生物的活动。

三、初生牛犊的饲养

（一）初生牛犊的饲喂方法

主要有自然哺乳和人工喂乳两种。人工喂乳法主要有奶嘴喂和桶（盆）喂两种方法，用奶嘴喂因与自然哺乳相似，牛犊很快就会吃乳，技术上无困难，一般不需要调教，应该及时更换破损奶嘴（图5-1）；用桶（盆）进行人工喂乳的牛犊，一般需要调教1~3天，且饲养员必须有耐心。

图 5-1 人工喂乳之奶嘴喂

新生牛犊用桶（盆）人工喂乳（图5-2）的成败在于调教方法的运用和操作是否得当，具体调教方法如下：

（1）牛犊出生后即与母牛分开，不要让牛犊首先吮吸母牛的乳头并吸入母乳，此环节非常重要，否则会造成人工诱导喂乳的困难，甚至失败。

（2）先用手掌或手背轻轻摩擦牛犊的鼻镜，此处神经丰富，可刺激牛犊引起吮吸反射兴奋。

（3）饲养员用洁净的右手指蘸上初乳，塞入牛犊嘴中，当牛犊舔食乳汁时，就会将手指当作乳头吮吸不放，这时饲养员要因势利导，慢慢从手指缝隙倒下乳汁，在牛犊吸乳高度兴奋时，将牛犊嘴（带指头）引入盛乳桶（盆）中，使牛犊嘴接触到乳面，但不要把鼻子浸入乳中。

（4）反复数次后，手指从上慢慢往下移动，把牛犊嘴引向盛乳桶（盆）内继续吸乳，饲养员可把手移开，让牛犊自己吸乳。如此反复3~5天后牛犊一般会习惯自己从盛乳桶（盆）中吸乳。

图5-2 人工喂乳之桶（盆）喂

（二）初生牛犊饲喂的关键点

（1）早吃初乳。初生牛犊出生后必须尽快吃上初乳，主要是因为牛犊自身对免疫球蛋白的吸收率会迅速下降，新生时为50%，20小时后为12%，36小时后仅吸收微量或不吸收，因此应尽量使新生牛犊在出生后1小时内吃到初乳，最迟不应超过2小时。

（2）吃足初乳。初乳的喂乳量没有严格要求，可高于常乳，第一次要让牛犊吃饱吃足，喂乳量不少于1 kg，以后可按牛犊体重的1/8~1/6，一天分2次喂给。乳温为39℃，最好给牛犊吃自己生母的初乳。初乳期为5~7天。

（3）为了保证牛犊第一餐初乳及时足量，建议采用初乳灌服器灌服。

四、常乳期牛犊的饲养

（一）常乳的饲喂

母牛产犊7天后牛乳的各种成分降至平常该品种牛乳的稳定水平，喂乳量可参考如下：1月龄以内喂乳量为牛犊体重的10%，1月龄~2月龄喂乳量为体重的6%~7%，2月龄~3月龄喂乳量为体重的4%，此为不均衡给乳法。广西水牛研究所则采用均衡给乳法，即日喂乳量4~5 kg，全期不变。不管采取哪种给乳方法，均日喂2次，哺乳期3~4个月，全期哺乳量约为350 kg。

（二）饲喂要点

（1）定时。每天喂乳时间要固定，使牛犊的消化器官形成一定的活动规律，产生良好的条件反射，对于保持牛犊正常消化功能很有好处。

（2）定量。按牛犊的正常发育需要固定喂乳量，不要时多时少，以免影响牛犊的正常发育。

（3）定温。每次喂乳时乳温保持在37~39℃，以保证牛犊正常的消化吸收功能。后期乳温可逐渐降低，但不能低于30℃。

（4）控制饮乳速度。不要使牛犊饮乳过急，否则会使部分乳汁流入其瘤胃和网胃，从而引起牛犊消化不良、瘤胃胀气。

（5）保证充足的饮水。牛犊出生10天开始应在牛犊栏内放置装有清洁水的水桶或水槽，供牛犊随时饮用。

（6）及时补铁。防止牛犊贫血、抵抗力下降、下痢，须给牛犊及时补铁，具体方法是在牛犊出生后2~3天于颈部肌肉一次性注射10 mL牲血素（主要成分为右旋糖酐铁，含铁量150 mg/mL左右），或15天内每天在乳中加入5~10 mL的0.5%硫酸亚铁溶液，可获得良好效果。

（三）早期补料

随着牛犊的生长，单纯的牛乳已不能满足牛犊的生长需要，应早期补料，促进胃的发育，完善瘤胃功能，保证牛犊健康生长。

（1）精饲料。牛犊出生后15天开始调教其采食精饲料，开始时可加少量在牛乳中一同饲喂，或将精饲料放在食槽内让其自由舔食，正常情况下1月龄后牛犊每天可采食0.25 kg，2月龄后可采食0.5 kg，3月龄后可采食1~1.5 kg，当一天的采食量达到1 kg时即可断乳。

（2）青草、干草或多汁饲料。牛犊出生后20天就要开始补给细嫩青草、青干草、稻草等干草或多汁饲料，放于另一食槽让其自由采食，对促进消化液的分泌和瘤胃的早期发育非常有益。

五、断奶牛犊喂养

断奶牛犊的喂养关键是减少断奶应激，使牛犊从哺乳为主过渡到采食草料为主，这一阶段饲料营养要求较高，日粮中粗蛋白水平为15%~13%（前期高后期低），可按1~1.5 kg精料、1~2 kg优质干草、5~10 kg鲜草或青贮饲料进行饲喂。

六、牛犊的管理

（一）新生牛犊的管理

（1）接产。牛犊出生后应首先清除口和鼻孔的黏液，使其呼吸顺畅，如果牛犊已吸入黏液而造成呼吸困难，可以握住牛犊的后肢，将牛犊倒吊起来，使其吐出黏液。其次是擦净牛犊身上的黏液，以免其受凉。如果母牛正常产犊，母牛会立即舔食而无须擦拭，但对于人工哺乳的牛犊，一般不让母牛舔食黏液，否则会造成母牛恋仔，增加人工挤乳的困难。初生牛犊的蹄部有一层淡黄色的软蹄，为方便其在光滑地板上站立应剥掉软蹄。牛犊出生后脐带往往会自然扯断，如果脐带长度超过10 cm，可用消毒后的剪刀剪断并挤出脐带内黏液，用碘酒充分消毒脐带，并垫上褥草。

（2）称重。牛犊出生后喂第一次初乳前应进行称重。

（3）编耳号。可打耳牌或耳号。耳号的编法一般是从左耳到右耳、从下缘到上缘，左下为千位，左上为百位，右下为十位，右上为个位，耳尖为1，耳中为3。

（二）牛犊的常规管理

（1）个体卫生。哺乳用具要经常清洗和消毒；每次哺乳后要把牛犊嘴周围的残乳汁擦洗干净，并用颈枷固定一定时间（10~15分钟），使牛犊吸吮反射下降，防止牛犊养成吸吮脐部或舔食毛发的习惯而引起脐炎及瘤胃毛球等疾病；注意保持牛体卫生，热天每天刷拭一次。

（2）栏舍卫生。经常清洗栏舍，保持卫生、干燥，勤换垫草，定期消毒。

（3）疾病预防。主要做好球虫病的防治。

第二节 育成奶水牛的饲养管理方法

6月龄到初次产犊的牛称为育成牛，其正处于生长发育较快的阶段，一般到18月龄时，体重应达到成年时的70%以上，24~30月龄时母水牛应已配种怀孕。

一、育成奶水牛的生长发育特点

育成期的水牛性情活泼，行动敏捷，瘤胃发育日趋完善，从1岁以后能采食大量的青粗饲料，从生长发育、增重、体型、体尺结构到体内的生理机能都发生了重大的变化，其特点如下。

（一）体重迅速增加

据广西水牛研究所统计资料，6月龄时体重为成年母水牛（650 kg）的29.2%，饲养管理良好的条件下18~24月龄时体成熟基本完成，可进行配种。

（二）各部位体尺变化显著

6~24月龄母水牛体躯的发育是向粗、宽、深、长的方向发展，在2岁时后躯发育最为显著，此时的母水牛已接近成年母水牛，只是个体小些。

（三）体内器官的发育

公母水牛混群饲养，由于雄性和雌性激素的相互刺激，可使公母水牛性成熟提前，于18月龄或24月龄时可产生成熟的精子和卵子，

如果进行自然交配会受孕。

二、育成奶水牛的饲养技术

育成奶水牛在饲养上主要以青粗饲料为主（达60%~90%），混合精饲料为辅（达10%~40%），精饲料采食量为每头每天1~2 kg，干草2 kg，青贮饲料或青饲料10~30 kg，总干物质采食量达体重的2%~2.5%，日粮粗蛋白水平达11%~13%（前期高后期低孕后高）。饲料品种要多样化，青粗料采食量（鲜重）应达到体重的10%以上。

育成水牛受胎后，一般情况下仍按育成水牛饲养方法喂养，只有在怀孕后期的2~3个月才需要增加营养。这是因为：①胎儿这时候增大速度最快；②为泌乳做准备；③本身继续生长发育也需要增加营养，尤其是维生素 A 和钙、磷的储备。为此在此期间应给予足够的优良的青粗饲料，精饲料的饲喂量比前期增加30%~40%，达2~3.5 kg，此即通常所说的攻胎，膘情以中上水平为宜，切忌过肥过瘦。

三、育成奶水牛管理方法

（一）分群

公母牛合群饲养时间以18月龄为限，此后应分开饲养，防止早配、乱配。

（二）定位调教

进入育成水牛舍后应定位饲养，每天刷拭1~2次，怀孕后期每天按摩怀孕牛的乳房2次，每次10分钟以上。产前15天停止乳房按摩。进行乳房按摩的目的一是调教性情，以适应产后挤奶；二是促进乳房的发育，提高产后的泌乳量（一般可提高泌乳量10%以上）。

（三）初次配种

由于育成水牛发情不明显，不易于观察，为了能及时配种受孕，以采取自然本交配种的方法为好。

第三节　成年奶水牛的饲养管理方法

成年奶水牛一个生产周期包括妊娠期、泌乳期和干奶期三个阶段，而妊娠期往往与泌乳期和干奶期重叠在一起，生产上要针对不同阶段进行饲养管理。

一、成年母水牛的消化特点

成年牛的瘤胃容积很大，约占整个消化道的70%，瘤胃内有许多细菌和原虫类微生物，它们能利用非蛋白氮合成优质菌体蛋白，能把复杂的碳水化合物（纤维素等）分解成低级脂肪酸，并能合成B族维生素和维生素K等。这些微生物伴随饲料经网胃、瓣胃进入真胃、小肠进而被消化吸收成为牛的营养源。因此，母水牛在饲养上尽量以粗饲料为主。

二、妊娠期母水牛的饲养管理

妊娠期包括前期、中期和后期。前期是指妊娠开始至3个月，中期是指怀孕4个月至8个月，妊娠后期是指怀孕9个月至分娩，生产上要按不同的阶段加以区别对待。

（一）妊娠期的饲养

妊娠前期和中期一般不需特别增加营养，若妊娠母牛处于泌乳期，则按泌乳牛的要求饲养，若处于干奶期，则按干奶牛的要求饲养。

最重要的是抓好妊娠后期的饲养，特别是后2个月，牛犊增重70%、母牛增重20%都在此阶段完成，必须保证充足的营养，视牛膘情增加精饲料用量，保证胎儿正常生长发育及泌乳储备的需要，以获得体大健壮的初生犊和母牛良好的泌乳机能。俗称的"攻胎"就是这个意思。如是泌乳母牛此时期应停止挤奶。

饲喂方案：每日精饲料1~2 kg，鲜草（象草、甘蔗尾等）20~30 kg，青贮饲料（玉米青贮等）10~20 kg。其他有催奶功能的糟渣类饲料（啤酒渣、豆腐渣、白酒糟等）最好少喂或不喂。

（二）妊娠期母牛的管理

主要是做好防暑降温和防寒保暖工作。放牧时要注意安全。特别在妊娠后期，要防止母牛跳越沟壑等。出牧、收牧时严禁驱赶和打冷鞭，以免引发流产。

三、干乳期的意义、方法和饲养技术

（一）干乳期的意义

泌乳水牛在下一次产犊前有一段停止泌乳的时间，称为干乳期，一般为60天，至少要保持6周的干乳期。干乳期是胎儿迅速生长发育需要较多营养的阶段，也是进一步改善母水牛营养状况，为下一个泌乳期能更好、更持久的生产准备必要的条件。

（二）干乳方法

干乳方法有逐渐停奶法和快速停奶法两种。水牛一般采用逐渐停奶法。具体方法：从每天挤奶两次改为每天一次，并交替在上午或下午挤奶，然后改为隔日挤奶一次或2日挤奶一次，打乱其泌乳规律，同时减少饮水和多汁饲料供应，经7~10天泌乳自然停止。最后一次挤奶可在每只乳头内注入金霉素眼膏等消炎药膏，以防止病菌侵入乳房引起感染。

快速干乳法一般只应用于高产奶水牛。在确定停奶日，将奶完全挤干净，将乳房乳头抹干净，用盛5%碘酒的杯子逐一浸一浸乳头，用金霉素眼膏等消炎药膏在每个乳头注入一支，然后不再碰乳房，但要注意乳房的变化。乳房最初可能继续肿胀，只要不出现红肿、疼痛、发热等不良现象，就不必管它。经3~5天后，乳房内积奶逐渐被吸收，约10天后乳房收缩松软，处于休止状态，停奶工作即安全结束。但对于有乳腺炎病史或正患乳腺炎的母水牛不适宜用此法。

（三）干乳期的饲养技术

干乳期的饲料以粗饲料为主，每天干物质采食量约相当于体重的2%，日粮粗蛋白含量为11%。如母牛体况较好、粗饲料质量优良可不喂或少喂精饲料，一般精饲料喂量控制在每头每天2 kg以下。

四、围生期母牛的饲养管理

（一）围生期的概念

围生期一般指临产前15天到产后15天这一个月的时间，其中又分为围生前期（产前10天）、中期（产前产后各5天）和后期（产后10天）三期，因分娩前后机体内分泌的变动，处于应激状态，会直接影响母牛的消化机能、泌乳性能和健康状况。

（二）围生期饲养技术

1. 围生前期（干奶后期）

视牛只膘情调整日粮，以中等膘情为好，不宜过肥或过瘦。每天干物质采食量为体重的2%，钙40~50 g，磷30~40 g，全混日粮粗蛋白质为11%。

日粮配方：玉米1.25 kg，麦麸0.75 kg，菜籽粕（或棉籽粕）0.5 kg，矿物质0.25 kg，象草20 kg，菠萝皮9 kg，啤酒渣5 kg，稻草3 kg。估算营养水平：干物质11.4 kg，粗蛋白1192 g，奶牛能量单位20.5，钙60 g，磷40 g。

2. 围生中期

围生中期指分娩前后5天，经历妊娠至产犊到泌乳的生理变化过程，在饲养管理上有其特殊性。

（1）临产前观察：注意观察乳房、阴门分泌物等临产前症状，做好接产工作。

（2）产后护理：分娩后立即喂给足量温盐水或饮喂温热麸皮盐钙汤10~20 kg（麸皮500 g、食盐50 g、碳酸钙50 g）、活血化瘀的中草药（如益母膏）等，以利母牛体力恢复和胎衣排出。同时供给优质干草或易消化的青粗料。

第一次挤奶应在产后1小时内进行，不可挤完，挤1~2 kg即可，以后逐渐增加，至第4天起可全部挤净。

乳房护理：热敷、按摩乳房5~10分钟，以促进乳房消肿。

饲养：母牛产前及产后1~3天饲喂优质易消化的青草、干草为主，辅以精饲料及少量多汁饲料、青贮饲料等，第1天精饲料控制在1 kg以内，以后每天增加精饲料0.5 kg，可多喂些多汁饲料、青草和青贮饲料。冬天给予1~3天的温水，一般至产后7天方可按泌乳母牛增料促乳方式饲养。

3. 围生后期

经过产后5~6天的保护性饲喂阶段调整，母牛的机体抵抗力、消化机能及生殖器官均已逐渐恢复，泌乳量逐渐上升。产后7~15

天，可调整饲养方案，增料促乳。精饲料中饼粕类饲料比例占20%~25%，青粗饲料应大量给予，并注意补充钙、磷和维生素。干物质给量占体重的2%~2.5%，全混日粮蛋白质为13%~14%。

五、产奶母牛的饲养管理

围生期过后即可进入正常的挤奶牛饲养期，日粮干物质采食量占泌乳牛体重的2%~2.5%。精粗料比例可根据牛的产奶情况、胎次、母牛体况及泌乳前期、中期、后期做调整，并每10天视母牛产奶量调整一次精料。精饲料占日粮干物质比例为30%~40%，粗蛋白质含量17%。如粗饲料品质优良，精饲料比例还可降低。

（一）泌乳前期饲养要点

1. 泌乳前期特点

泌乳前期指产后15天开始到出现高峰日或高峰月的这段时间，也称泌乳盛期，广西水牛研究所统计资料表明，泌乳期前3个月的产奶量约占全期产奶量的40%。抓好前期饲养的意义和重要性就在这里。

2. 泌乳前期饲养管理要点

（1）泌乳前期营养需求特点：该时期以提高泌乳水牛采食量为主，饲料调制上应注重营养浓度和适口性，粗饲料占整个饲料的比重不低于50%，粗纤维供应在18%~24%，粗饲料干物质占体重的比例为1%~2%，日粮粗蛋白质达15%，精饲料和粗饲料的比例为精饲料占30%~40%，粗饲料占60%~70%。干物质采食量应达到体重的2.5%左右。

（2）泌乳前期的饲喂技术：为了尽可能地发挥母水牛的泌乳潜力，创造高的泌乳高峰产奶量，从第15天起，抓住奶量不断上升的特点，在实际饲养中要喂给比产奶量多出1~2 kg奶的精饲料，即比正常喂量多给0.5~1 kg的促奶料，此即增料促奶。只要母牛的产奶量随饲料的增加而上升就应继续增料，即使加料至与产奶量基本相适应时仍可继续增加并维持一段时间，待产奶盛期过后才按产奶量来调整精饲料喂量。但应注意，减料要比加料慢些，切忌一次减料到位。

精饲料喂量一般按基础料2 kg（日产奶4 kg）、每多产奶3 kg给精饲料1 kg的标准供给，视粗饲料品质及泌乳水平适时调整。粗饲料中最好有2 kg干草（苜蓿草、羊草、稻草等），有条件的每头每天可喂5~10 kg啤酒渣（或豆渣、酒糟等）或其他优质农副产品，其他新鲜牧草（象草、甘蔗尾梢等）、青贮饲料等进行自由采食。有条件的也可喂给南瓜、木瓜和胡萝卜等多汁饲料，以提高产奶量。

总之，遵循多种搭配、少喂勤添和区别对待的饲喂方法，以获得较高的高峰期泌乳量及较长的高峰泌乳时间，增加整个泌乳期产乳量。

（二）泌乳中后期饲养要点

（1）泌乳中后期的营养要求：一般认为从第3个泌乳月至泌乳结束，统称为泌乳中后期。此期特点是泌乳量逐月下降，但不能放松饲养，更要注意饲料配合及适口性，使母牛保持旺盛的食欲和健康的状况，争取奶量平稳下降，千万不要在高峰月后就大量减料，而是逐步减料，这是获得高产稳产的重要措施。从第3个泌乳月开始，一般水牛日产奶量在8~9 kg，日粮粗蛋白占13%~14%，不可低于12%，否则产奶量下降、泌乳持续性差、泌乳曲线下降较快。此阶段主要喂能量丰富的饲料，干物质采食量应达体重的2.5%左右，饲料精粗比可从30：70下降到20：80。日粮饲料种类及数量参照泌乳前期的饲喂技术。

（2）泌乳中后期的饲喂技术：此阶段应按母水牛的体况和实际产奶的变化进行合理饲养，每1~2周调整一次精饲料的喂量。

为了达到最大采食量，饲喂技术上可采用非限制饲喂，青粗饲料可放在运动场内让其自由采食。另外，最好采取分群的办法，将高产水牛、低产水牛及干奶水牛分开饲养，进行分别对待，以避免出现高产水牛营养不足，而低产水牛由于营养过剩导致沉积脂肪。对干奶水牛则应多给予低能量日粮。

（三）挤奶技术

熟练的挤奶技术可增加水牛的产奶量，并可避免因挤奶不当造成乳腺炎的发生。

1. 挤奶方法

奶水牛的挤奶方法包括机器挤奶和人工挤奶两种。人工挤奶方法主要有拳握法（压榨法）和下滑法（滑指法），其中又以拳握法较好，该法不易损伤乳头，方法是双手把乳头握住，挤奶时用拇指和食指握住乳头基部，然后分别按下中指、无名指和小指压榨乳头把乳汁挤出来，如此反复进行，直至将奶汁挤干净为止（图5-3）。只有对乳头短的母牛实行滑挤法。

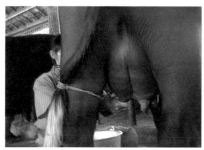

图5-3　人工挤奶

2. 挤奶的步骤

（1）挤奶前：先将挤奶牛的尾巴系于一侧腿上，用温水充分清洗母牛后躯、尾部、乳房，然后用拧干的毛巾自下而上擦干，同时用温水按摩乳房3~5分钟，待乳房膨胀后，即可进行挤奶。

（2）挤奶时：每个奶头的第一、第二把奶应挤在"检奶杯"上（图5-4），注意观察奶汁有无异常，并进行相应处理。母牛放奶后，开始用力宜轻，速度稍慢，待放奶旺盛时挤奶速度要快，尽量在10分钟内挤完，挤完奶后用消毒药液浸泡乳头。每次挤奶必须挤净，先挤健康牛，后挤病牛，病牛奶另作处理。挤奶环境要安静，切忌喧哗及有陌生人过往。挤奶员必须经常修剪指甲，挤奶用具使用前后必须严格清洗消毒。挤奶前应搞好牛舍及牛体卫生。

图5-4　用"检奶杯"检验第一、第二把奶

3. 初产牛的挤奶调教

因水牛驯化的时间较短，不愿意接受人工挤奶或机器挤奶。当人去触摸乳房时，就乱蹦乱跳，甚至踢人、不放奶等。因此，初产牛的调教工作特别重要，调教得好坏与否，关系到今后一生的产奶

性能的发挥。在怀孕后期即应开始进行调教，主要是每天进行2次乳房按摩，每次10~15分钟，以培养其温驯的性格及对人工挤奶的条件反射意识，方便产后的挤奶调教。

4. 机器挤奶

机器挤奶方式可分为挤奶厅式、简易管道式和手推车式。目前在水牛挤奶中多采用简易管道式。机器挤奶可减轻工人劳动强度，提高生产效率。而且，可降低原料奶微生物和体细胞数，提高原料奶品质。

建议产奶牛在200头规模以上的养殖场，采用挤奶厅式或简易管道式；在30~200头规模的养殖场，采用简易管道式；在30头以下的养殖场，采用手推车式和简易管道式。

机器挤奶结束，需用手工把还留在乳房的少量牛奶挤干净，最后用专用消毒液消毒奶头，减少乳腺炎发生。

水牛机器挤奶（图5-5）是奶水牛现代化养殖的标志之一，对减轻工人劳动强度，提高原料奶品质，实现优质优价，提高养殖效益，增加养殖户收入，促进南方特色奶水牛产业稳步发展将发挥重要作用。

图5-5　水牛全自动挤奶机

第四节　饲草青贮的制作及利用技术

一、什么是饲草青贮

饲草青贮是指以青绿植物、农副产品、食品残渣及其他植物性材料为原料，在密闭的青贮设施（青贮窖、青贮壕、青贮塔和青贮袋等）中，经过以乳酸菌为主的微生物发酵后，调制成可长期利用产品的加工贮藏过程。青贮后的甜玉米秸秆见图5-6。

图 5-6　青贮后的甜玉米秸秆

二、青贮饲料的优点

（1）可最大限度地保持青绿饲料的营养价值。

（2）能保持青绿多汁饲料的常年均衡供应。

（3）可提高饲草的适口性和利用率。

（4）可节省饲草的加工调制成本，扩大饲草资源，解决饲草的长期安全贮存问题。

青贮饲料与干草消化率比较见表5-1。

表5-1　青贮饲料与干草消化率比较

单位：%

种类	干物质	粗蛋白	粗脂肪	无氮浸出物	粗纤维
干草	65	62	53	71	65
青贮饲料	69	68	68	75	72

三、青贮原料

在广西，可做青贮饲料的原料很多，以禾谷类作物、禾本科牧草为主，其中尤以含糖量较多的青饲料效果最好，如青玉米秆、象草、鲜甘蔗尾、高粱、红薯藤、天然野杂草、菠萝渣、木薯渣等（图5-7）。

全株玉米　　　　象草　　　　甘蔗尾叶　　　　全株高粱

图 5-7　青贮原料

四、饲草青贮的种类

按原料水分含量可分为高水分青贮、凋萎水分青贮和低水分青贮（半干青贮）。

按原料组成及营养特性可分为单一青贮、混合青贮和配合青贮。

按青贮设施可分为窖（壕）式青贮、塔式青贮、塑料袋青贮、草捆青贮和地面堆贮。

按原料形状可分为切短青贮、长株青贮。

按是否加添加剂可分为一般青贮、添加剂青贮。

五、青贮前准备

（一）青贮场地的选择和修建

青贮场地应选地势较高、地下水位低的地方，以免雨季被水淹没或被污水污染。距栏舍要近，以免运送饲料时浪费人力、物力。距池塘、粪池、厕所等要远，以保证青贮质量。

青贮窖样式很多，有圆形和方形等形状，有地下式、半地下式和地上式等（图5-8）。

青贮窖最好建成砖石水泥结构的永久窖。如果没有条件，也可以挖一个土窖，在土窖内铺上薄膜，装满青贮原料后封顶盖实，但底部应能排水。

青贮窖的容量大小随饲养量而定，并根据原料多少计算窖的容积，一般每立方米可做青贮饲料600 kg左右。

图 5-8　青贮窖

（二）青贮机械

根据养殖的规模，有小型铡草机和大型铡草机（图5-9）。

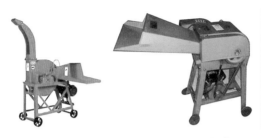

图 5-9 铡草机

六、青贮饲料制作步骤

首先把青饲料铡短成2~3 cm 的长度（图5-10）。

图 5-10 把青贮饲料铡短

然后用人工、机械运送或直接将青贮原料铡到青贮窖，并踩压紧实（图5-11）。

图 5-11　将青贮原料铡到青贮窖并踩压紧实

用塑料薄膜将压实后的青贮料盖紧，并用泥巴等压实四周，以达到密封的效果（图5-12）。至此，青贮制作完成。

图 5-12　将压实后的青贮料盖紧并用泥巴等压实四周

象草由于水分含量较高、无氮浸出物较少，可加入草粉、干草或晾晒后再青贮，以降低青贮水分含量。加入玉米粉等淀粉含量较多的饲料以促进乳酸菌的生长、提高青贮质量。

七、制作青贮饲料的关键

概括起来要做到"六随三要"。

六随：随割、随运、随切、随装、随压、随封，连续进行。

三要：原料要切短、装填要踩实、设施要封严。

最关键是要做到以下两点：

（1）控制好水分含量：水分含量不得高于75%，也不宜低于60%。

（2）一定要做好密封工作，不能有空气进入。

八、青贮饲料的利用

青贮饲料一般密封发酵30天即可开窖取用。

开窖时，如果最上面一层饲料已变黑或腐烂则弃之不用。品质好的青贮料呈黄绿色，有特殊的酸香味，质地柔软。若饲料呈黑褐色且带有腐臭味或发霉，则不能用来喂牛。

取料应从一角开始，自上而下，取用量以满足当天采食为准，用多少取多少，以保证青贮饲料新鲜，取后仍要注意密封。开始饲喂时牛不太喜欢吃，要进行调教，让牛慢慢适应。喂量要由少到多，逐渐增加，青贮饲料是草食动物的基础饲料，其喂量一般以不超过日粮的50%。一般情况下每头牛每天以不超过20 kg为宜，不可单喂青贮饲料，应与牧草或与其他干草搭配饲喂。长期喂青贮饲料的，日粮中应添喂小苏打，每头牛每天约100 g。

第六章　水牛养殖中常见疾病的防治

水牛耐高温高湿，耐粗饲，性情温驯，抗病力强，少病易养。但随着集约化、规模化、养殖小区等饲养模式的发展，饲养密度增加，单体饲养量的增大以及技术管理不到位，水牛的疾病也不断增多。

第一节　牛场疫病预防与控制

一、基本原则

遵照预防为主的原则，水牛场的选址、建设和管理等方面都要考虑严防疫病的传入。要加强牛群的科学饲养，增强水牛的抗病力。要认真执行计划免疫，定期进行预防接种，对主要疫病进行疫情监测。有疫情发生时要遵循"早、快、严、小"的处理原则，及早发现，及时处理，采取严格的综合性防治措施，迅速扑灭疫情，防止疫情扩散。

二、预防与控制措施

牛场疫病的预防与控制措施通常分为预防性措施和扑灭性措施。前者是以预防为主的经常性工作，后者要求迅速扑灭已发生的疫病。针对传染病发生流行过程中传染源、传播途径、易感动物等三个环节，查明和消灭传染源，加强防疫消毒工作，切断传播途径。改善饲养管理，可提高牛对疫病的抵抗能力。

（1）牛场的选址与建设符合标准化牛场规定。

（2）建立兽医卫生制度。建立健全兽医卫生制度是防止外源病原传入、降低内源病原微生物致病的有效预防性措施。

（3）非本场人员和车辆未经场长或兽医主管同意不准随意进入生产区，生产区要设消毒室，外来人员更换专用消毒工作服、鞋帽后方可进入；车辆经消毒后方可进入。本场工作人员和挤乳、饲养人员的工作服、工具要保持清洁，经常清洗消毒，不得带出牛舍。

（4）牛舍、运动场及周围每天要进行牛粪及其他污物的清理工作，并建立符合环保要求的牛粪尿与污水处理系统。每周大扫除、大消毒一次。病牛舍、产房、隔离牛舍等每天进行清扫和消毒。

（5）需要淘汰、剖检或出售的牛，主管兽医要填写淘汰报告或申请剖检报告，上报主管场长同意签字后才能执行。病死牛要按规定进行无害化处理。

（6）场内不准饲养其他畜禽。禁止将市售畜禽及产品带入生产区进行清洗、加工等。

（7）每年春、夏、秋季，要进行大范围灭蚊蝇及吸血昆虫的活动。平时要采取经常性的灭虫措施，以降低虫害造成的损失。

（8）标准化的牛场应设立兽医室。兽医室除备有常用的诊疗器械、兽药及疫苗等以外，还应建立档案，包括病史卡、诊疗记录表、疾病统计表、结核病及布鲁氏菌病的检测结果表、疫苗免疫记录表、病牛的尸体剖检申请表及尸体剖检结果表等常规记录登记统计表及日记簿。

（9）牛场全体员工每年必须进行一次健康检查，发现结核病、布鲁氏菌病及其他传染病的患者，应及时调离生产区。新员工必须进

行健康检查，证实无结核病与其他传染病时方能上岗工作。

三、疫病监测

疫病监测即利用血清学、病原学等方法，对动物疫病的病原或感染抗体进行监测，以掌握动物群体疫病情况，及时发现疫情，尽快采取有效防治措施。

适龄牛（指20日龄以上）必须接受布鲁氏菌病、结核病监测。牛场每年开展两次或两次以上布鲁氏菌病、结核病监测工作，要求对适龄水牛的监测率达100%。

运输牛时，须持有当地动物防疫监督机构签发的有效检疫证明，方准运出。由外地引进牛时，必须在引进地进行布鲁氏菌病、结核病检疫，凭当地防疫监督机构签发的有效检疫证明方可引进。水牛入场后，隔离、观察1个月，经布鲁氏菌病、结核病检疫呈阴性反应者，可转入健康牛群。

四、免疫监测

免疫监测就是利用血清学方法，对某些疫苗免疫动物在免疫接种前后的抗体跟踪监测，以确定免疫效果和再次接种时间。

（一）免疫

免疫接种是预防和治疗传染病的主要手段，也是使易感动物群转化为非易感动物群的唯一手段。根据免疫接种的时机不同，可分为预防接种和紧急接种两类。

1. 预防接种

预防接种即平时为了预防某些传染病的发生和流行，有组织、有计划地按免疫程序给健康畜群进行的免疫接种。

2. 紧急接种

紧急接种是指在发生传染病时，为了迅速控制和扑灭疫病的流行，而对疫区和受威胁区尚未发病的牛进行紧急免疫接种。

应用疫苗进行紧急接种时，必须先对牛群逐头进行详细的临床检查，只能对无任何临床症状的牛进行紧急接种；对患病和处于潜伏期的牛，不能接种疫苗，应立即隔离治疗或扑杀。但应注意，在临床检查无症状的牛中，必然混有一部分处于潜伏期的牛，在接种疫苗后不仅得不到保护，反而促使其发病，造成一定的损失，这是一种正常的不可避免的现象。但由于这些急性传染病潜伏期短，而疫苗接种后又能很快产生免疫力，因而发病数不久即可下降，疫情会得到控制，多数动物可得到保护。

（二）发生传染病时的扑灭措施

当发生国家法定报告的动物传染病时，要立即向当地动物防疫监督机构报告疫情，包括发病时间、地点、发病及死亡头数、临床症状、剖检变化、初步病名及防治情况等。

在发生严重的传染病如口蹄疫、炭疽等时，则应采取封锁措施。对发病牛群进行迅速隔离。

对被患病牛污染的垫草、饲料、用具、动物笼舍、运动场以及粪尿等，进行严格消毒。死亡牛和淘汰牛按《中华人民共和国动物防疫法》处理。

五、寄生虫病的预防

根据饲养环境需要，每年可对牛群用药物进行1~2次肝片形吸虫的驱虫工作。对血吸虫病流行地区，应实行圈养，并定期进行血吸虫病的普查及治疗工作。在焦虫病流行疫区内，每年要定期进行

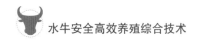

血液检查。在温暖季节，如发现牛体上有蜱虫寄生时，应及时用杀虫药物杀虫。

六、消毒

消毒的目的是消灭散播于外界环境中的病原体，以切断传播途径，阻止疫病继续蔓延。消毒的方法主要包括以下几种。

（一）机械性消毒

机械性消毒主要是通过清扫、洗刷、通风、过滤等机械方法消除病原体。本法是一种普通而又常用的方法，但不能达到彻底消毒的目的，作为一种辅助方法，须与其他消毒方法配合进行。

（二）物理消毒法

物理消毒法是采用阳光、紫外线、干燥、高温等方法杀灭细菌和病毒。

（三）化学消毒法

化学消毒法是用化学药物杀灭病原体的方法，在防疫工作中最为常用。选用消毒药应考虑以下几点：杀菌谱广，有效浓度低，作用快，效果好；对人畜无害；性质稳定，易溶于水，不易受有机物和其他理化因素影响；使用方便，价廉，易于推广；无味，无臭，不损坏被消毒物品；使用后残留量少或副作用小等。

（四）生物消毒法

在兽医防疫实践中，常用该法将被污染的粪便堆积发酵，利用嗜热细菌繁殖时产生高达70℃以上的高温，经过1~2个月可将病毒、细菌（芽孢除外）、寄生虫卵等病原体杀死，既达到消毒的目的，又保持肥效。但本法不适用于炭疽、气肿疽等芽孢病原体引起的疫病，被这类疫病污染的粪便应焚烧或深埋。

（五）消毒的实施

1. 定期性消毒

一年内进行2~4次，至少于春秋两季各进行1次。牛舍内的一切用具每月应消毒1次。

对牛舍地面及粪尿沟可选用下列药物进行消毒：5%~10%热碱水、3%苛性钠溶液、3%~5%来苏儿或溴药水溶液等喷雾消毒，以20%生石灰乳粉刷墙壁。饲养管理用具、牛栏、牛床等以5%~10%热碱水或3%苛性钠溶液或3%~5%来苏儿或溴药水溶液洗刷消毒，消毒后2~6小时，于牛进入前对饲槽及牛床用清水冲洗。挤奶器具以1%热碱水洗刷消毒。

2. 临时性消毒

牛群中检出并剔除结核病、布鲁氏菌病或其他疫病牛后，有关牛舍、用具及运动场须进行临时性消毒。

布鲁氏菌病牛发生流产时，必须对流产物及污染的场地和用具进行彻底消毒。

病牛的粪尿应堆积在距离牛舍较远的地方，进行生物热发酵后，方可作为肥料使用。

凡属患有布鲁氏菌病、结核病等疫病死亡或淘汰的牛，必须在兽医防疫人员指导下，在指定的地点剖解或屠宰，尸体要按国家的有关规定处理。处理完毕后，对在场的工作人员、场地及用具彻底消毒。怀疑为炭疽病等死亡的牛，则严禁解剖，按国家规定处理。

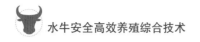

第二节　水牛常见的传染病

一、口蹄疫

（一）病因

口蹄疫是由口蹄疫病毒引起的。该病毒共分 A 型、O 型、C 型、南非 Ⅰ 型、南非 Ⅱ 型、南非 Ⅲ 型和亚洲 Ⅰ 型等 7 个主型。每个主型又有许多亚型（变型）。该病毒在不同条件下，各主型或亚型容易发生变异。这也是造成家畜即使做了免疫也会发病的原因。

（二）流行病学

该病主要引起偶蹄兽动物（猪、黄牛、奶牛、水牛和羊等）发病，是一种急性、热性、传播迅速的传染病。一年四季均可发病，但以春、秋季易流行。

（三）临床特征和诊断要点

潜伏期 2~4 天，病初病牛体温升高到 40~41℃，精神沉郁，食欲减退，闭口流涎，1~2 天内在鼻镜、唇内、齿龈、颊部黏膜上出现白色水泡，直径为 1~2 cm，采食和咀嚼困难。蹄冠部、蹄趾间沟内出现水泡时，病畜跛行。患部由于污物、粪尿浸渍，极易发生细菌性继发感染，引起化脓、蹄壳脱落。患牛卧地不起，发生褥疮，以脓毒血症而死亡。乳房等也有水泡出现，造成产奶量下降。牛犊很少见水泡出现，一般表现出血性胃肠炎、心肌炎。

诊断要点主要是口、蹄、乳房等有水泡，传染性强，可初步做出诊断。确切的诊断尚应取牛舌、乳头新鲜水泡皮肤 5~10 g 装于含 50% 甘油生理盐水灭菌瓶内，于 -20℃ 保存，或取水泡液做病毒的分离、鉴定和血清抗体鉴定。

（四）防治

严禁从疫区引进牛只和购进动物产品、饲料等，口蹄疫常发地区要定期做口蹄疫疫苗接种。规模化养殖场或养殖小区要严格执行防疫消毒制度，场门口要有消毒间、消毒池，进出牛场必须消毒，严禁非本场的车辆和人员入内。猪肉及病畜产品严禁带进牛场食用，每月定期用2%氢氧化钠或其他消毒药对畜舍、牛栏、运动场进行消毒。

（五）规模化牛场、养殖小区的免疫程序

1. 种公牛、生产母牛及后备牛

每年春秋季节免疫口蹄疫双价疫苗各1次，每头肌内注射双价疫苗4 mL，2次免疫的时间间隔6个月。

2. 牛犊

出生后3个月首次免疫，1个月后进行二免。每头肌内注射双价疫苗2 mL。以后每隔6个月接种一次，每头肌内注射双价疫苗4 mL。

二、牛巴氏杆菌病

（一）病因和流行病学

该病由多杀性巴氏杆菌引起，又称牛出血性败血症。多在冷热交替和气候突变时发病。

（二）临床特征

以急性败血症和肺、胃、肠等组织器官的广泛性出血为特征。传播速度快，死亡率高为特征。常见体温升高，达39.5~41.5℃，沉郁厌食，湿咳，呼吸频率和深度增加，听诊两肺前腹侧听到干啰音和湿啰音为急性病例典型症状。

（三）诊断

根据流行病学、临床症状和急性败血和肺、胃、肠等组织器官广泛出血等病变可初步诊断。采集病牛血液、唾液送检，检出细菌可确诊。

（四）防治

临床选用增效磺胺及安乃近混合肌内注射效果好；或用青霉素、链霉素进行肌内注射。重要的是加强饲养管理，增强抵抗力，同时做好预防工作，每年春秋两季进行一次牛出败氢氧化铝甲醛菌苗免疫注射，大牛每头 6 mL，小牛每头 4 mL。

三、布鲁氏菌病

（一）病因

布鲁氏菌病为人畜共患病，水牛以流产布鲁氏菌为最常见病原，该菌喜欢潮湿凉爽环境，不耐高温、阳光和干燥。

（二）感染途径

主要经口感染，即易感牛通过感染的羊水、胎盘组织、胎儿或牛奶污染的饲料摄入细菌而感染。也可通过交配、乳房感染。

（三）临床特征

牛群流产增多，多发生于怀孕 5~8 个月的母牛，症状包括胎衣不下、子宫内膜炎等。育成牛到青春期或怀孕后特别易感。公牛常发生睾丸炎、附睾炎。牛犊具有对本病感染的抵抗力。也有潜伏感染但不常发生。此病是人畜共患病，可通过黏膜、皮肤伤口传染。

（四）诊断

根据临床上流产以及采集病牛血样进行血清学检查。

（五）预防

本病是奶水牛必检疫病之一，凡血清学检查阳性的牛必须按国家相关规定处理。本病以预防为主，严禁从疫区引进牛只，引进牛只前应严格检疫，引进牛只后隔离观察2个月再次检疫，阴性方能合群。饲养场定期检疫，扑杀阳性牛，隔离可疑牛再重检。定期消毒，建立健康核心群。

四、结核病

（一）病因

该病主要由结核分枝杆菌引起人和畜禽共患病。该细菌分为牛型、人型和禽型三个型。牛主要感染牛型结核杆菌，其中奶牛最易感，其次是黄牛、牦牛和水牛。

（二）感染途径

育成牛主要是吸入感染，牛犊、青年牛主要以摄食感染为主。特别是摄食感染牛奶（感染牛主要是通过痰、气雾、气管渗出物及粪便和其他渗出物排菌）。

（三）临床特征

临床症状变化大，无特异性。慢性湿咳及胸部听诊异常为本病可疑症状，淋巴结增大和慢性呼吸道病是怀疑本病的可靠指标，剖检病变很少见变态反应，阳性牛肺部有病灶，尤其是常见淋巴结核病灶。

（四）诊断

水牛虽然目前无特定诊断标准。但可参考黄牛结核菌素检测标准进行检疫，对变态反应阳性牛结合 ELISA 方法进一步检测，两者

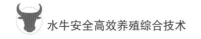
阳性，可确诊。

五、传染性角膜结膜炎

（一）病因和流行病学

传染性角膜结膜炎俗称"红眼病"，是反刍动物一种高度接触性传染病。该病是一种以牛摩勒氏杆菌（又名牛嗜血杆菌）、立克次体、支原体、衣原体、吸吮线虫等多病原引起的疾病。而牛摩勒氏杆菌是牛传染性角膜结膜炎的主要病原。常发于天气炎热和湿度较高的5~8月份。

（二）临床特征

水牛经常放牧、泡水塘，灰尘、沙土等异物刺激，细菌入侵，易造成眼部外伤感染，发生眼结膜和角膜炎。刚发病时，牛眨眼的次数增多，流泪，结膜红肿，充血，2~3天后分泌物从浆液性转为脓性，在睑结膜上有多灶性白斑，病变为单侧或双侧，感染的成年牛体温升高（40.5~42.2℃），挤奶牛产奶量下降。病牛若未及时得到护理，眼角膜上发生灰白色浑浊，视物不清，继而发展到角膜溃疡，穿孔而死亡。

（三）诊断

以眼结膜和角膜发生红、肿、热、痛等炎症变化为发病特征。

（四）治疗

1. 轻度角膜炎的治疗

用5%盐水洗眼，把脓性分泌物洗净，再涂四环素眼膏、金霉素眼膏等。也可向眼部吹入消炎粉，此法每天2次，连续3天，治愈率可达95%以上。

2. 角膜浑浊及角膜翳的治疗

先用2%盐水或2%硼酸进行冲洗，再用醋酸可的松眼药水滴眼，一个星期左右可治愈；青霉素80万IU，用生理盐水5 mL稀释进行垂眼穴注射，或将链霉素粉吹入眼内，对于治眼角膜翳也是有效的。也可用封闭注射疗法：用醋酸可的松10~20 mg，再加等量2%普鲁卡因注射液混合，进行球结膜下注射，每周2次；或用5%盐酸普鲁卡因5 mL，地塞米松5 mg，加青霉素40万IU混合后，在上下眼睑皮下注射，2~3天1次，用1~3次可以奏效。或龙胆草30 g，煎后过滤，滤液浓缩，高压消毒，点眼，每次3~5滴，每日2次，对急性结膜炎有特效。

3. 眼线虫病引起的角膜结膜炎的治疗

该病为由吸吮线虫寄生于牛的结膜囊、第三眼睑及泪管内引起的角膜结膜炎。一般可在眼球表面或第三眼睑发现寄生的虫体，虫体乳白色、线状、长6~15 mm。治疗时，可用1%敌百虫液冲洗，一天2~3次；或用5%左旋咪唑点眼，每天1次，连用2天即可，冲出虫体后再结合用抗生素眼膏治疗效果更佳。

第三节　水牛消化系统疾病

常见消化系统疾病有牛犊腹泻、消化不良、成牛前胃弛缓、瘤胃臌气、肠炎等。

一、前胃弛缓

前胃弛缓是由于前胃神经调节机能紊乱，前胃壁兴奋性降低和收缩力减弱所致的一种消化机能障碍的疾病。

（一）病因

（1）长期饲喂单一、品质低劣、发霉变质的饲料或块根饲料。

（2）饲料搭配不合理，糟粕类饲料（如木薯渣、酒渣、豆腐渣等）和精饲料饲喂过多，粗饲料（如干草、青贮饲料）缺乏或品质低劣，饲喂不足或采食量少。

（3）突然变更饲料，如由品质较差的饲料突然转换为适口性较好、品质优良的饲料，牛只过度采食，胃负担过重等。

继发性前胃弛缓最为多见的，如创伤性网胃炎、创伤性网胃－心包炎、产前产后瘫痪、瘤胃酸中毒及患传染病等都有前胃弛缓的症状。

（二）临床特征

长期食欲不振或食欲时好时坏，出现反刍和嗳气障碍，瘤胃运动减弱，出现间歇性瘤胃鼓气和反复发生便秘、腹泻交替。急性多为原发性，患牛急性发作时，病初表现食欲降低，有时仅采食精饲料或新鲜青草，反刍缓慢无力；口腔干燥，唾液黏稠，呼出难闻气体。经1~2天后，食欲废绝，反刍停止；瘤胃蠕动极弱，触诊肷部松软；粪便干硬，表面有黏液或粪稀如水且恶臭。慢性多为继发性，常见反刍不规则，瘤胃呈间歇性鼓气；有一定食欲，但食量少，腹部减缩；随着时间推延，出现便秘或肠炎症状。

（三）诊断

原发性前胃弛缓根据病史，病后食欲异常、瘤胃蠕动减弱、咀嚼次数不定及全身反应轻微等到特征，可以做出确诊。但要注意与类症鉴别。

（四）治疗

治疗原则是消除病因、健胃制酵、调节瘤胃 pH 值、防止机体酸中毒。

治疗方法：对于急性原发性前胃弛缓，一是除去病因，改善饲养管理，可视其瘤胃内容物的多少而禁食1~2天。二是提高前胃神经的兴奋性，增强前胃运动机能。①用拟胆碱类药物，如卡巴胆碱1~2 mg或新斯的明10~20 mg，皮下注射。②促反刍液500~1000 mL，静脉注射。③调节植物性神经功能和促进糖代谢，可用10%维生素B₁ 20 mL，肌内注射，每日2次；或用鱼石脂10~20 g，酒精50 mL，水1 L，灌服；或用大蒜250 g，食盐50~100 g，捣成蒜泥，加水适量，灌服。三是缓泻止酵，清理胃肠，可用鱼石脂20 g，75%酒精100 mL，硫酸镁（钠）500 g，水适中灌服。

（五）预防

坚持合理的饲养管理制度；日粮供应要合理，加强饲料保管，严禁饲喂发霉、变质、混有异物的饲料。

二、瘤胃臌气

瘤胃臌气是指瘤胃和网胃因发酵产生大量气体，且气体不能嗳气排出而蓄积于胃内，致使瘤胃体积增大而引起的瘤胃消化机能紊乱的疾病。该病的特征是病牛左侧肷部高度膨隆，突起于髋关节，瘤胃叩诊呈鼓音。

（一）病因

（1）大量食入易发酵产气的饲料，如红薯秧、花生藤等。

（2）饲喂未经浸泡的含蛋白质较多的饲料，如大豆、豆饼等。

（3）饲喂发霉、变质，或经雨淋、潮湿的饲料，如变质的豆腐渣、青贮饲料、红薯秧等。

（二）临床特征

由于气体在瘤胃内所处的状态不同，临床上可分为泡沫性臌气和非泡沫性臌气两种。泡沫性臌气又称为原发性臌气，即瘤胃食物与形成的气体呈顽固、持久性的混合状态。该病多由于日粮中含量过高的谷物、豆科类饲料、幼嫩青草而引起。发生非泡沫性臌气又称为继发性臌气，这是指瘤胃内形成的气体不形成泡沫，而呈游离状，瘤胃食物与形成的气体相互不混合，呈分离状态。该病是由于水牛嗳气的物理性障碍或前胃弛缓使气体不能排出所引起。

患牛多于采食后不久突然发病，腹围急剧增大，特别是左腹中上部膨大明显；叩诊中上部为高朗鼓音；听诊蠕动音消失；触诊瘤胃紧张而有弹性；极度呼吸困难。病牛精神沉郁，食欲废绝，反刍停止，初期频频嗳气，以后嗳气停止；腹痛不安，时起时卧，回头顾腹或用后肢踢腹，拱背摇尾，不断努责，初期排出少量稀软的粪便，后期停止排粪。严重时，病牛呼吸困难，张口伸舌，心跳加快，结膜发绀，甚至倒地窒息死亡。

（三）治疗

治疗原则是排气减压，制酵泻下，补充体液，缓解中毒。

1. 排气减压

治疗初期可用胃导管插入瘤胃入口使气体排出，若臌气严重，病牛有窒息危险时，可采用瘤胃穿刺放气进行急救。

2. 消沫止酵

鱼石脂20 g，75%酒精100 mL，硫酸钠（镁）500 g，加水适量，1次内服。5%葡萄糖生理盐水2000 mL，10%安钠咖20 mL，5%碳酸氢钠溶液500 mL，1次静脉注射。

3. 健胃消导

（1）油类泻剂：花生油、亚麻油、大豆油60~120 mL做成2%乳剂，一次灌服，每日2次；或鱼石脂20~25 g、松节油50~60 mL、酒精100~150 mL，混合一次灌服；或液状石蜡油或植物油500~1000 mL、松节油80~90 mL，灌服。

（2）副交感神经兴奋药：硫酸镁500~1000 g、碳酸氢钠粉100~150 g，加水1000 mL，一次灌服。

（3）促反刍液配方：每500 mL中有氯化钠25 g，氯化钙5 g，安钠咖1 g。

（四）预防

（1）加强饲养管理，防止饲料霉变。豆饼、大豆应限制喂量，并用开水浸泡后再喂。糟渣类饲料也应限制喂量。

（2）谷物类饲料不应粉碎过细，精饲料量应按需要供给。在高含量的谷物日粮中，最低也要供给10%~15%的粗饲料。

（3）加强饲料保管和加工调制，防止饲料腐败、霉烂，严禁饲料中混入尖锐异物，减少创伤性网胃炎继发的瘤胃臌气的发生。

三、瘤胃积食

瘤胃积食是指瘤胃内充盈过量的食物，致使瘤胃容积增大，从而导致瘤胃运动机能及消化功能紊乱的疾病。

（一）病因

过食是发病的重要条件。而引起过食的原因是病牛偷吃或贪吃。

（1）饲养无规律，即突然变更饲料或饲养班次。如由劣质、适口性差的饲料突然更换为优质、适口性好的饲料，导致牛只贪吃，吃得过多。

（2）饲料单一，长期大量饲喂干稻草、干薯藤而供水不及时，或饮水不足。

（3）水牛异食癖，如吞食了产后母牛胎衣、塑料薄膜或编织袋、绳子。

（4）精饲料喂量过大，粗饲料喂量不足或缺乏，为追求高产奶量，日粮中过度增加精饲料及其他农副产品，如木薯渣、豆腐渣、啤酒渣等。

（5）牛偷吃过量的精饲料、粗饲料，结果常常发病。

（二）临床特征

食欲废绝，反刍停止；瘤胃扩张，左下腹部膨大下坠；瘤胃内容物坚实；瘤胃蠕动减弱；排粪迟滞。患牛多在采食精饲料后1~2小时发病，病初精神不振，食欲、反刍减少，鼻镜干燥，结膜潮红，烦渴贪水。听诊瘤胃蠕动音减弱，仅出现潺潺的气体串动音，瘤胃胀满，下痢，粪便酸臭。随后出现视力障碍，盲目直行或转圈，严重时狂躁不安，头抵墙壁，或攀登槽栏、攻击人畜等。病牛体温偏低，呼吸加快，心跳急速，眼球下陷，肌肉震颤，站立不稳，最后倒地昏迷死亡。

（三）诊断

根据病史和临床症状，容易诊断，但应注意类症鉴别。

与瘤胃臌气的区别：原发性瘤胃臌气时，气体不积聚于瘤胃上部，而是整个混合于瘤胃内容物之中，用套管针刺穿瘤胃之后仅有少量泡状气体排出；而瘤胃积食时气泡聚积在瘤胃内容物之上，穿刺为单纯性气体排出。

（四）治疗

治疗原则里除去病因，加强护理、清理胃肠、制止发酵腐败和调整胃肠机能，防止酸中毒。

1. 物理疗法

瘤胃按摩，每天4~5次，每次15分钟，先轻后重，以不引起牛抗拒为宜。

2. 药物泄下

番木鳖酊 20 mL，龙胆酊 60 mL，稀盐酸 20 mL，75% 酒精 100 mL，水 500 mL，1 次内服。同时用 10% 氯化钠液 300 mL，氯化钙 100 mL，10% 安钠咖 20 mL，静脉注射。硫酸镁（钠）500 g，加水适量，或液状石蜡油 1000~2000 mL，1 次内服。5% 葡萄糖生理盐水 2000~3000 mL，安钠咖 20 mL，5% 碳酸氢钠 500 mL，2.5% 复合维生素 B 注射液 20 mL，1 次静脉注射。

四、牛犊腹泻

牛犊腹泻是牛犊胃肠消化机能障碍和器质性变化的综合性疾病。其病的特征是消化不良和拉稀。临床上将牛犊消化不良、胃肠炎、拉稀总称为牛犊腹泻。以 1 月龄内发病最多。

（一）病因

（1）饲养不当：初乳喂量不足，或喂初乳期过后误喂初乳；饲养员不固定，经常变更；乳温及乳量不定或饲喂变质乳、酸败乳等。

（2）管理不良：牛犊栏舍过于拥挤，牛舍、牛床、运动场不清洁；牛舍阴暗潮湿、阳光不足，通风不良，喂奶用具不洁等。

（3）外界环境的改变：气候骤变、寒冷、阴雨潮湿、运动场泥泞等，皆可促使牛犊抵抗力降低，成为发病的诱因。

（4）由致病菌大肠杆菌引起：本菌广泛存在于自然界中以及正常动物和人的肠道内。致病性病原菌能产生内毒素和肠毒素。

（二）临床特征

病牛既有共同症状，也有不同表现。

1. 共同症状

精神沉郁，食欲减退或废绝，全身被毛粗乱，低头耷耳，腹部紧缩，夹尾，并伴随体温升高，浑身发抖。目光无神，后躯被粪便污染，并在肛门周围附着、结痂，粪具腥味。长期拉痢者，体质瘦弱，步态不稳。

2. 不同表现

（1）粪呈灰白色水样，腥臭，其中混有绿豆大或呈絮片状未消化的乳块；或者粪便呈黄绿色，像捣鸡蛋样，这多见于出生1个月以内的牛犊。

（2）粪中带血：粪呈柠檬色，质度较干，粪表面附有血丝，这多见于半个月以内的牛犊；粪呈血汤样，暗红色，多见于出生1个月以上的牛犊。

（3）粪便呈暗绿色、黑褐色，稀粪内含有质度较硬的干粪，含有气泡，多见于出生1个月以上的牛犊。

（4）粪呈白色，干硬，多与食入奶量过多有关。

（三）诊断

牛犊腹泻各种病因的鉴别诊断要点见表6-1。

表6-1 牛犊腹泻各种病因的鉴别诊断要点

疾病名称	发病日龄	病原	临床症状
大肠杆菌病	3日龄以内多发	致病性大肠杆菌	中毒及败血症状比牛犊腹泻严重，体温高至39~41.5℃，病程短，死亡快
牛犊副伤寒	10~40日龄多发	沙门氏杆菌	腹泻，病后多有肺炎、关节炎等症状
球虫病	3月龄（断奶后）易发	球虫	腹泻后期粪便呈血汤样，暗红色

（四）治疗

牛犊腹泻有发生快（出生后1~2天）、死亡快、脱水、酸中毒和电解质平衡失调等特点，因此，对腹泻的治疗要及时。

治疗原则：健胃整肠，促进消化，消炎解毒，防止脱水。重症时绝食，一般可减少1/3~1/2的奶量，补充电解质溶液，缓解酸中毒。

（1）对有食欲者，乳酶生1 g，碳酸氢钠4 g，酵母片3 g，一次灌服。每日2~3次，连服3天。

（2）对有臌胀者，碳酸氢钠5 g，氧化镁2 g，一次灌服，日服2次。每日2~3次，连服3天。

（3）对伴有肺炎者，碳酸氢钠5 g，青霉素80万~160万IU，1%氨基比林10 mL，一次肌内注射，每日2次。

（4）对腹泻带血者，首先应清理肠道，第1天可灌服液体石蜡150~200 mL，第2天可用碳酸氢钠4 g，一次灌服。日服2~3次，连服2~3天。

（5）对大肠杆菌病牛犊腹泻者，补充体液防止脱水。5%葡萄糖生理盐水1000~2000 mL，25%葡萄糖液200~300 mL，5%碳酸氢钠液100~150 mL，维生素C 5~10 mg，10%安钠咖5 mL一次静脉注射，日注射2次或3次。同时进行消炎、抑菌。常用抗生药物：①新霉素、链霉素每千克体重10~30 mg一次肌内注射，每日2次，或按每千克体重30~50 mg一次内服，每日内服2或3次，连服3~5天。②喹乙醇0.5~0.8 g，一次内服，日服1或2次，连服3~5天，治愈率95%。③诺氟沙星1000 mg、鞣酸蛋30 g，混合一次喂服，每日2次，配合庆大霉素40万IU一次肌内注射。

（五）预防

加强饲养管理，严格执行牛犊饲养管理规程，是预防牛犊饮食性腹泻的关键。

（1）出生后及时喂给初乳，以使牛犊能尽快获得母源抗体。

（2）坚持"四定"，即定温、定时、定量和定饲养员。

（3）加强饮乳卫生，严禁饲喂变质牛奶。

第四节　水牛常见产科及生殖系统疾病

一、阴道脱出

阴道壁的部分或全部脱离原有的正常位置而突出于阴门之外，称阴道脱出。

（一）病因

（1）妊娠后期，胎盘产生的雌激素过多。

（2）长期圈养，牛只缺乏运动。

（3）饲养管理粗放，营养不平衡，围生期饲料钙、磷比例失调，长期饲喂木薯渣等酸性饲料和霉变饲料。

（二）临床特征

阴道部分脱出，主见于产前。阴门外突出鹅卵大或拳头大，呈深红色或粉红色，卧地时突出，站立时突出物自行缩回。此现象反复出现，最后阴道壁逐渐松弛，母牛站立时阴道不能缩回原位，阴道黏膜受暴露性刺激、损伤、充血、水肿、干燥，流出带血液体。

阴道完全脱出见于分娩前后。分娩前发生时，脱出物如排球大至篮球大，脱出末端可看到子宫颈外口，在外口内可见到怀孕的黏液塞，阴道壁有弹性。可触摸到胎儿。阴道不能回缩，一直暴露在外，牛摩擦可导致水肿、炎症、表层坏死和假膜性膜的形成，造成阴道炎和里急后重。

不全阴道脱出，患牛全身症状轻微。完全阴道脱出，患牛不安，拱背，努责，常作排尿姿势，黏膜损伤时，努责强烈，食欲降低，并引起子宫颈炎、直肠脱出甚至流产。

（三）诊断

依据临床特征即可诊断。确诊原因应通过物理检查可发现会阴、外阴、骨盆韧带、坐骨区非常松弛，应查明未孕牛是否有卵巢囊肿；难产助产是否有损伤及饲喂发霉变质饲料与否等。

（四）治疗

临近分娩的干奶牛发生轻度的阴道脱出不必进行治疗，但应加强管理。但对完全阴道脱出进行早期治疗是防止阴道创伤、水肿、坏死和伪膜发生的关键。具体措施是整复与固定。

1. 整复

将脱出的阴道整治恢复原位。

（1）将牛置于前低后高的地方或栏架内站立保定。

（2）用0.05%~0.1%新洁尔灭、0.1%依沙吖啶或0.1%高锰酸钾液充分清洗暴露黏膜，再用2%明矾液冲洗，使其收缩。仔细检查脱出黏膜，瘀血、水肿剧烈者，用消毒针头刺扎，使瘀血及组织渗出液流出，有伤口者，涂布碘甘油或3%龙胆紫；伤口过大者，应缝合伤口；有坏死组织者，应将坏死组织清除干净。

（3）助手用消毒纱布将阴道托起与阴门等高，术者用两手手掌从靠近阴门部分开始，渐将阴道向阴门内推送。术者也可用拳抵住脱出阴道末端，压迫子宫颈，将阴道向内推送。至阴道彻底复原，待母牛不再努责时，可向内注入土霉素粉或片剂2~3 g或金霉素粉2 g。

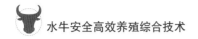

2. 固定

为防止阴道再次脱出，可加以固定。固定方法较多，可根据母牛全身状况，努责程度，采取相应的方法。阴门缝合法适用于轻症者，阴道内缝合适用于重症者。

二、子宫脱出

母牛产犊后，子宫翻转脱出于阴门外，称子宫脱出。此病通常发生于产后几小时内，因此时子宫颈扩张，子宫松弛尚未收缩。

（一）病因

（1）母牛怀孕末期雌激素水平升高，致使骨盆内的支持组织和韧带松弛。

（2）饲养管理不当，使母牛机体全身张力降低，如饲料营养缺乏，矿物质与维生素不足，特别是舍饲后，运动不足等。另外，母牛产后易发生低血钙，而低血钙性子宫弛缓则是引起子宫脱出的常见原因。

（二）临床特征

子宫脱出时，阴门外附有一个很大的椭圆形袋状物。母牛能站立和行走，大的脱出的子宫悬挂于跗关节附近，如胎衣脱落，可见子宫膜满布红色或紫红色、圆形或椭圆形的母体胎盘。由于后肢的反复碰撞，或地面的摩擦，或粪、尿、褥草和泥沙的污染，暴露的子宫被拉长、创伤或撕裂。黏膜充血、水肿，进而变成黑红色、干裂，有血水渗出。

（三）治疗

子宫脱出治愈关键在于尽早发现，及时处理。对病畜使之安静，用1%碘溶液或0.1%新洁尔灭，充分洗净暴露的子宫，并保持其湿润。治疗方法是整复法。

1. 具体步骤

（1）麻醉。如病牛不安或努责强烈时，应注射2%~3%普鲁卡因溶液10~15 mL做尾椎硬膜外腔麻醉。

（2）保定。站立保定，使牛呈前低后高姿势，如母牛不能站立，则捆住其后脚，使臀部垫高，也呈前低后高姿势。

（3）清洗消毒：用0.1%新洁尔灭等消毒液冲洗暴露部分，彻底除去异物及坏死组织。胎衣未脱落者，清洗前应剥掉，如剥离困难，可不用剥，避免出血过多；有伤口者，涂碘甘油；伤口大者，应缝合。再用2%明矾液冲洗或浸泡，以缓解水肿，利于推送。

（4）对站立母牛，助手用消毒毛巾或塑料布将母牛子宫托起，提升至坐骨水平；母牛卧地时，左右两助手面向后，将脱出子宫提起。

（5）术者以缓慢按摩和轻推方式，使手指并拢成拳，从阴门最近处的子宫颈端开始回送脱出的子宫，切勿损伤或穿透脆弱的子宫黏膜及子宫壁，也可用拳顶住子宫角末端凹陷，小心地向前推送，直至送回腹腔原位为止。最后轻轻摇动子宫体和子宫角，以确保其完全复位，防止再次脱出。

2. 整复后的措施

阻止子宫的再次脱出和黏膜发炎，补充体液以增强体质。

（1）为消除子宫炎症，可用土霉素片2~3 g或胎衣速脱泡腾片2颗，塞入子宫内。同时进行阴门缝合或阴道内缝合。

（2）补充糖等渗电解质溶液和钙制剂，以解除脱水，缓解低血钙。一次静脉注射5%葡萄糖生理盐水1000~1500 mL，10%~25%葡萄糖溶液500~1000 mL，10%葡萄糖酸钙500~1000 mL。同时用青霉素800~1200万IU，一次肌内注射，连续注射3~4天。

三、胎衣不下

胎衣不下又叫胎衣停滞，是指母牛在产出胎儿后的一定时间内胎衣不能自行脱落而滞留于子宫内。

（一）病因

日粮中矿物质、维生素缺乏与不足，饲料单纯，品质差；或过度饲喂精饲料，机体过肥，全身张力下降；子宫收缩无力、弛缓。

（二）临床特征

根据胎衣在子宫内滞留的多少，分为全部胎衣不下和部分胎衣不下。大多数情况都属于部分胎衣不下。通常，1~3天内胎衣不下对水牛全身影响不大，食欲、精神、体温正常。仅有少数病牛由于胎衣腐败，恶露潴留，细菌生长繁殖，毒素吸收，母牛发生自体中毒，表现体温升高，精神沉郁，食欲下降或废绝，产奶量下降。

（三）治疗

产后12小时胎衣不下即可处理，治疗原则是抑菌、消炎、促使胎衣排出。

1. 全身疗法

（1）20%葡萄糖酸钙（或10%葡萄糖、3%氯化钙）与25%葡萄糖液各500 mL，一次静脉注射，每日1次。

（2）缩宫素100 IU，或麦角新碱20 mL，一次肌内注射。

2. 子宫内注入

（1）10%高渗盐水1000~1500 mL，一次灌入子宫内，胎衣常于灌后3~5天脱落。其作用是促使胎盘绒毛脱水收缩，而使胎盘从子宫阜中脱落。

（2）抗生素注入。土霉素2 g或金霉素1 g，溶于蒸馏水250 mL

中，一次灌入子宫。排出胎衣后，继续灌药，直到子宫阴道内分泌物色泽清亮为止。

3.胎衣剥离

胎衣剥离加抗生素注入法，是目前最常用的方法，且效果较好。但应注意，胎衣粘连紧而不易剥离者，不应硬剥，防止子宫黏膜损伤、大出血。

(四)预防

加强饲养管理：供应平衡日粮，干奶期不仅要注意精粗饲料比例，还应重视矿物质、维生素的供应，加强运动，增强全身张力。

加强消毒卫生：临产牛要置于安静、清洁、宽敞的圈内，令其自然分娩，避免各种应激；助产应严格消毒，操作细致；全场应做好消毒工作，凡有流产发生，应查明原因，确定病性。

四、子宫内膜炎

该病是水牛产后由病原菌感染引起的一种常见产科疾病。该病不仅影响其正常的生理功能，而且会造成患牛长期不孕，甚至造成终生不育而提前淘汰，给奶牛养殖业造成严重的经济损失。

(一)病因

金黄色葡萄球菌、大肠杆菌、链球菌、枯草芽孢杆菌、绿脓杆菌等是子宫内膜炎的主要病原菌。但不同地区水牛子宫内膜炎病原菌分离结果有所不同。一般产后早期（10天内）子宫炎中最常见感染的细菌为化脓性放射菌、坏死梭杆菌，拟杆菌、链球菌、大肠杆菌及其他厌氧菌和化脓放射菌并发感染。临床特点为产后从阴道流出大量的白色和黄色脓性分泌物。产犊40~60天后，子宫感染率达39%。

（二）临床特征

发烧（40~41.5℃），心跳过速，食欲不振，产奶量低，瘤胃停滞和毒血症。阴道排出大量黄色或黄白色、黏稠的子宫分泌物。还有一类是患隐性子宫内膜炎的病牛，只见间断性的排出异常子宫分泌物或根本不排。典型分泌物为浑浊的黏液或透明的黏液中带有浓汁，该类牛产后30天发病。在发情时可以看到或直肠检查时排出异常黏液而确诊。

（三）治疗

1. 宫内抗生素治疗

常用抗生素为土霉素、庆大霉素、青霉素等。使用抗生素后牛奶必须弃掉，应每天重复治疗，治疗剂量要适宜，要考虑治疗的子宫的体积。

2. 全身抗生素治疗

当产后不久的水牛发生子宫炎引起全身性疾病时应进行全身抗生素治疗。常用土霉素，按每千克体重13~15 mg静脉注射，每天1~2次，效果较好。联合应用磺胺药物和土霉素效果更好。

3. 激素治疗

常用为前列腺素和前列腺素类药物（氯前列烯醇）。产后11~12天及产后25天使用，使用前检查一下是否还存在功能性黄体，若有应立即使用药物（发情后10天使用）。

4. 全身局部同时治疗（适用于脓毒性子宫炎）

按每千克体重13~15 mg土霉素静脉注射，或肌内注射普鲁卡因青霉素1000万IU，每天1~2次；同时用土霉素4~6 g或青霉素1000万IU溶于250 mL生理盐水中子宫内治疗，每天1次，连用3~5天。最好是先用0.5%高锰酸钾冲洗子宫使大部分或所有脓液排尽后再进行子宫内治疗更有效。

（四）预防

在母牛产后第5天、第10天、第15天各用土霉素原粉3 g、依沙吓啶粉0.5 g共溶于500 mL盐水中灌注子宫。之后看子宫恢复情况确定是否补充净化处理。胎衣不下者用土霉素原粉每次5 g，依沙吓啶粉每次1 g，连用4~5次。此法在实践中能降低奶牛产后子宫炎的发生率，从而提高繁殖受胎率。

五、乳腺炎

乳腺炎分为隐性乳腺炎、临床性乳腺炎及亚临床性乳腺炎。

（一）隐性乳腺炎

一般乳汁无异常变化，白细胞数正常，但乳汁有病原菌存在。一般检测方法为在待检奶牛挤奶时，首先把四个奶头的头奶去掉，然后各奶头分别取适量奶放于四个检测盘中，最后分别加入加州乳房资检测法（CMT）试剂1滴，使之与牛奶混匀，观察反应情况即可判断，一般无任何凝集出现为阴性，出现胶体样凝集为阳性。

1. 治疗

一般隐性乳腺炎进行2~3天全身抗生素治疗即可康复。

2. 诊断

奶牛产奶量突然减少或个别乳头突然无奶，而肉眼查看乳房、乳头无任何异常症状，全身也无特别症状，有可能在感染初期间歇性出现发热。

3. 预防和治疗

加强挤奶过程的管理，注意卫生操作，严格进行乳房清洗和消毒。进行单个乳头内抗生素治疗或全身抗生素治疗，敏感药物有青霉素、头孢菌素等，与鱼腥草合用效果更好。

（二）临床性乳腺炎

临床性乳腺炎多由葡萄杆菌、链球菌、大肠杆菌和化脓棒状杆菌引起。根据临床症状表现可分为浆液性炎症、卡他性炎症、化脓性乳腺炎、出血性乳腺炎。浆液性炎症临床表现为乳房红肿热痛，乳上淋巴结肿胀，乳稀薄、含絮片。卡他性炎症临床表现为先挤出的奶含絮片，后面的无絮片，乳区腺泡发炎，则患区红肿热痛，乳量减少，乳汁水样，含絮片，时有全身症状，乳上淋巴结肿胀，挤不出奶或者只挤出几滴清水，本病与化脓性子宫炎并发。化脓性乳腺炎临床症状表现为患区炎性反应，乳量剧减或完全无乳，乳汁水样有絮片，有较严重的全身症状，转为慢性乳腺炎后乳区萎缩硬化，乳汁稀薄或黏液样，乳房有多处米粒大或豆大的脓肿，个别脓肿充满乳区时向皮肤破溃。出血性乳腺炎表现为乳上淋巴结肿胀，乳量剧减，乳汁稀薄带血，时为均匀粉红色，时带凝血块，常见为机械性伤害乳房引起或溶血性大肠杆菌引起。

亚临床性乳腺炎常见为无乳链球菌感染的乳腺炎，本菌属接触性传染病原体。主要是通过挤奶过程传播。

（三）乳腺炎的治疗

全身和局部抗生素治疗是普遍的，常用治疗药物有青霉素、链霉素、乳炎清、乳宫安、金乳康、牛摩赛、乳腺炎肿消散、乳炎消等，结合地塞米松、鱼腥草、普鲁卡因、酚磺乙胺等配合使用效果好。

1.乳房内注入药物

在每次挤完最后一把残乳后，把经过消毒的通乳针插入乳头管内，用注射器向内注入对乳腺炎敏感的药物如青霉素和链霉素100

万 IU 或环丙沙星等药物，注射完药物后，轻捏乳头，防止药物漏出，连续治疗2~4天。

2.肌内注射或静脉内注入药物

对全身症状明显的病牛，如浆液性乳房炎、出血性乳腺炎或乳房蜂窝织炎，一次静脉注射10%葡萄糖酸钙注射液200~300 mL，同时用青霉素、链霉素和鱼腥草配合使用效果较好。

（四）乳腺炎的预防

（1）加强环境和牛体卫生管理，每天清洗牛栏及牛体。

（2）挤奶前先用清水清洗牛体及乳房，再用0.1%高锰酸钾水洗乳房和乳头，同时加以按摩，最后抹干乳房，再对乳头进行消毒后才可以挤奶。

（3）挤奶完成后每个乳头用碘氟溶液进行乳头药浴3秒。

（4）加强干乳技术水平，密切关注干乳期乳房有无红、肿、热、痛的症状，并及时给以对症治疗。

第五节　水牛常见寄生虫病和皮肤病

一、肝片吸虫病

肝片吸虫病是水牛主要寄生虫病之一。南方亚热带地区，雨量充足，池塘、低洼地、河流较多。养殖户喜欢在这些地方放牧，而这些地带恰恰是肝片吸虫囊蚴极易繁殖污染的地方，加上水牛有泡水和滚泥的习惯，所以极易感染肝片吸虫。

（一）临床特征

由于机体内感染虫体数量及水牛的年龄和饲养管理水平的不同，

其症状各异。牛犊症状较重，甚至发病死亡。成年水牛呈慢性、隐性感染，临床症状较不明显，呈渐进性消瘦、体质衰弱和奶量降低。严重感染时，一般呈现营养不良、被毛逆立、无光泽、黏膜苍白、脸部水肿；食欲不振，时好时差，异食，间歇性瘤胃臌胀，腹泻，体温正常或升高，贫血，黄疸，全身无力，最后因衰竭死亡。

（二）预防与治疗

每年春秋两季各对牛群进行一次预防性驱虫工作。常见的药物有硝氯酚、肝蛭净、丙硫苯咪唑（抗蠕敏）、硫氯酚等。其中，硝氯酚毒性副作用大，但驱虫效果好，只要严格控制好剂量，一般反应不大。但假如超量使用则产生大量毒性，严重时甚至可致牛死亡，中毒解救方法是静脉注射10%葡萄糖、维生素C及安钠咖。体质虚弱的晚期病牛应选用抗蠕敏进行驱虫，因其副作用小，比较安全。

二、球虫病

牛球虫病是球虫寄生于牛肠道引起的以急性肠炎、血痢为特征的寄生虫病。

（一）病因

该病由气候环境因素引起居多，潮湿阴雨季节多发，饲养管理不当、老场地污染等都会爆发水牛牛犊球虫病。

（二）临床特征

主要发生于15日龄至2月龄的牛犊。表现为前期拉橘黄色黏稠时带血丝稀粪，后期拉泡沫或水样深黄色、灰黑色、褐黄色、灰白色并有恶臭味稀粪。

（三）防治

牛犊球虫病常使用以下药物预防及治疗效果较好。

（1）球泻宁（复方喹恶林钠水溶性粉），牛犊10日龄起每头每天8 g分两次于奶中喂服，连用3天。同时保持场地清洁干燥，定期消毒，每周2~3次；加强饲养管理，保证牛奶质量及奶具和饮水卫生。

（2）得球，预防及治疗用量与球泻宁基本相同。

（3）肌内注射5%诺氟沙星l0 mL+阿托品2~5 mL，连用3天。

（4）脱水严重的需补液，酸中毒的补碳酸氢钠。

（5）严重里急内重的，需做硬膜外腔麻醉。

三、牛犊蛔虫病

（一）病因

该病为牛新蛔虫寄生于出生15日至3个月内的牛犊小肠内，引起牛犊严重下痢和消瘦，甚至死亡的一种线虫病。主要由环境污染引起或胎盘传播。

（二）临床特征

小牛精神不振、喜卧、排出灰白色恶臭粪便，牛犊日渐消瘦，粪中时有蛔虫虫体。

（三）预防

（1）加强环境卫生，保持栏舍、食具清洁，并定期消毒。

（2）预防驱虫。牛犊15日龄时用盐酸左旋咪唑针剂或片剂进行预防驱虫，按每天每千克体重8 mg，连续用药2天；噻嘧啶，按每千克体重0.3 g，一次内服；驱虫净按每天每千克体重20 mg，连用2天。也可用阿苯哒唑、苯硫哒唑、伊维菌素等进行驱虫。

四、牛虱、蜱

（一）临床特征

此病在牛体表肉眼可见明显虫体和虫卵。病牛有皮肤瘙痒、消瘦、被毛粗糙、局部被毛因摩擦而脱落等症状。

（二）防治

每年定期对牛进行体外驱虫2~3次。主要用1%~2%敌百虫溶液喷洒体表。也可用伊维菌素进行皮下注射。药物应严格控制用量，以免牛只中毒。

五、牛皮癣（俗称银屑病）

它是人畜共患较常见的一种顽固性皮肤传染病，患病部位皮肤粗糙微红，多对称发生。牛皮癣发病最初出现针头状或米粒状大小的红色丘疹，表面有少量白色鳞屑，以后逐渐扩大并融合，成为大小不等的斑霞彩，界限清楚明显，基底皮红，表面鳞屑逐渐增厚，变成疹块和结痂。严重者可互相融合或呈大片损害，用钝竹、木片轻刮患部表面，可有多层银白色鳞屑脱落，最后一层比较牢固，刮掉后露出鲜红色的光滑面，继续刮，则出现小出血点，以后又重新生出鳞屑。这是本病的主要特征。该病病程漫长，可反复发作，长达数年甚至十数年。

国内外用于治疗牛皮癣的药物很多，较为常见的药物有敌百虫、癣敌、阿（伊）维菌素等，均有一定的治疗效果。

六、水牛常见寄生虫病的驱虫方案推荐

规模化水牛养殖过程，需要对牛群进行定期体内外寄生虫病驱

虫。推荐方案见表6-2。

表6-2　牛常见寄生虫病的驱虫推荐方案

寄生虫病名称	（方法）时间	常用药物名称	使用剂量
肝片吸虫病	（口服投药） 每年7月份	硝氯酚	按说明使用
球虫病	（口服投药） 犊水牛断奶前后	磺胺氯吡嗪钠 可溶性粉	按说明使用
蛔虫、线虫	（口服投药） 每年3月、9月	阿苯达唑片	按说明使用
牛蚧螨、虱、蜱	（药浴） 每年3月、9月	倍特 （5%溴氰菊酯溶液）	按说明使用

第六节　水牛中毒性疾病

一、硝酸盐和亚硝酸盐中毒

（一）病因

给牛饲喂过量富含亚硝酸盐的青贮饲料或秸秆饲料，以及牛食入含有硝酸盐的饲料在体内转化为亚硝酸盐等情况时，可引起中毒。

（二）临床特征

牛可在采食后1~5小时发病，发病时出现呼吸困难，肌肉震颤，步态不稳，倒地，全身痉挛等明显症状，还可能出现流涎、腹痛、腹泻，甚至呕吐。剖检的特征变化是血液呈酱油状，紫黑色，不易凝固。胃肠道各部有程度不同的充血、出血，黏膜脱落或溃疡。肺充血，气管、支气管黏膜充血、出血，管腔内充满红色泡沫。肝、肾呈乌紫色，心外膜出血。淋巴结轻度充血。

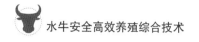

（三）防治

本病治疗的关键在于早发现、早诊断、早用药。确诊本病后应立即用1%~2%亚甲蓝液缓慢静脉注射，按每千克体重20 mg，同时配合使用25%~50%高渗葡萄糖液，加入维生素C静脉注射，严重中毒者亚甲蓝可加倍使用；也可用5%甲苯胺蓝静脉、肌内或腹腔注射，剂量按每千克体重5 mg。配合使用强心剂、呼吸中枢兴奋剂。

二、酒糟中毒

（一）病因

突然大量饲喂酒糟或酒糟被牛大量偷吃，长期饲喂酒糟而其他饲料搭配不合理，以及酒糟发生严重霉败变质等都可造成中毒。

（二）临床特征

牛在急性中毒病初兴奋不安，随之呈现胃肠炎症状，食欲减退或废绝，腹痛，腹泻。心动过速，脉搏细弱。呼吸迫促，四肢麻痹，步态不稳或躺卧不起，可由于呼吸中枢麻痹而死亡。慢性中毒呈现消化不良，可视黏膜潮红、黄染，发生皮炎或皮疹，病部皮肤肿胀或坏死，有时发生血尿。病牛牙齿可能松动甚至脱落，同时骨质变脆，孕畜可发生流产。剖检可见胃肠黏膜发生充血和出血，肺充血和水肿，肝、肾发生肿胀，心脏有出血斑。

（三）防治

立即停喂酒糟，用5%碳酸氢钠溶液静脉注射、口服或灌肠，同时静脉注射5%葡萄糖生理盐水。针对病情采取对症治疗，解除循环障碍和呼吸衰竭等。酒糟喂量不能过多，以不超过日粮的1/3为宜，并与其他饲料搭配使用。妥善贮存酒糟，防止酸败变质。轻度酸败的酒糟，可加石灰水，中和其中酸类后使用，严重发霉变质的，要坚决废弃。

三、有机磷农药中毒

（一）病因

该病是由于牛接触、吸入或采食某种有机磷制剂而引起中毒。

（二）临床特征

中毒病牛流涎，鼻涕漏出，多见粪便带血，粪如稀糊状或水泻，呼吸困难，痛苦呻吟，眼球震荡，四肢末端厥冷，出冷汗。病后期病牛呼吸肌麻痹，导致窒息死亡。

（三）防治

本病治疗效果在于用药的早晚，因此，发现中毒后应尽快确诊，尽快用药。经口中毒的可进行导胃，使用盐类泻剂和碳酸氢钠、草木灰各100 g内服。如果经皮肤黏膜吸收中毒，可用肥皂水或清水（不要用热水）洗刷病牛皮肤后再使用药物治疗。

可用解磷定、氯解磷定、双复磷等特效解毒剂解毒，常用解磷定剂量为每千克体重20~50 mg，以葡萄糖液或生理盐水稀释至5%溶液，缓慢静脉注射，每隔3~4小时一次，好转后酌情减量或停药；氯解磷定按解磷定剂量，可肌内注射或静脉注射；双复磷按每千克体重40~60 mg，可皮下、肌内或静脉注射。解磷定与氨磷定对敌敌畏、敌百虫、乐果及马拉硫磷中毒的解毒作用较差，应着重或配合使用阿托品，1%阿托品50 mg皮下注射，每1~2小时使用一次，直至状况改善。配合解磷定使用时，阿托品的用量需减半。双复磷对各种有机磷农药中毒均有较好的解毒效果，但使用时要注意其对心律的影响。

针对病情可采取强心、镇静、补液、补糖、补给维生素等对症治疗。

第七节　水牛主要传染病推荐免疫程序

规模化水牛养殖过程，需要对牛群进行不同疫苗预防，提高牛机体免疫力。推荐免疫程序见表6-3。

表6-3　水牛主要传染病推荐免疫程序

疾病名称	免疫疫苗名称	免疫对象	免疫时间	免疫剂量
牛出败	牛多杀性巴氏杆菌病灭活疫苗	牛犊	4月龄	按说明使用
	牛多杀性巴氏杆菌病灭活疫苗	成年牛	4月、10月	按说明使用
口蹄疫	牛口蹄疫（O、A型）灭活疫苗	牛犊	3月龄首免 4月龄二免	按说明使用
	牛口蹄疫（O、A型）灭活疫苗	成年牛	3月、9月	按说明使用

第七章　生水牛乳的质量安全控制技术

第一节　水牛乳的基本概念

一、正常乳

正常乳指奶水牛产犊7天后至末乳期生产的乳。正常的水牛乳为纯白色至乳白色，不含有肉眼可见异物，不得有红、绿等异色，不能有苦、涩、咸味和饲料、青贮、霉等异味。各项指标应该符合广西壮族自治区《DBS 45/011—2014食品安全地方标准　生水牛乳》的相关规定。

二、异常乳及其判断方法

异常乳分为生理异常乳、病理性异常乳、化学异常乳、微生物异常乳、兽药、农药残留乳和掺假乳等。

(一)生理异常乳

这种乳是由于奶水牛身体原因使得产下的乳成分和性质改变，使得乳营养价值降低、加工难度加大、具有异味。分为初乳、末乳和营养不良乳。

1. 初乳

初乳指奶水牛分娩后一周内的乳汁。其成分比例不稳定，颜色呈黄褐色，黏度大，味苦，具有腥臭味等。初乳中含铁量约为常乳的3~5倍，含有丰富的生长因子、免疫球蛋白等，营养价值高，有利于牛犊的生长发育，但是对于生长阶段的人类幼儿会产生"细胞异常分化"的威胁。另外，初乳的热稳定性差，加热时容易凝固，从而丧失生物活性，难以进行大规模生产，一般仅用于牛犊饲养，或者用于加工免疫乳等功能乳。

2. 末乳

末乳指母牛干奶期前两周所产的乳汁，也叫老乳。末乳中除脂肪外，各种成分含量均比常乳要高，味道苦中带咸，由于解脂酶含量增多，故末乳有氧化油脂味。

3. 营养不良乳

由于喂养饲料不足，或者饲料单一、搭配不均，造成奶水牛营养不良，这类奶水牛产的乳叫作营养不良乳。

（二）病理性异常乳

病理性异常乳主要指乳腺炎、口蹄疫、布鲁氏菌病等患病奶水牛生产的乳。这些乳严重影响乳制品的加工特性，同时会产生毒素、传播疾病，引起食物中毒。因此，对这些牛所产牛乳，严禁与正常乳混合销售。其中，最常见的病理性乳为乳腺炎乳。乳腺炎乳的乳成分性质会发生显著变化，球蛋白含量和乳糖的含量降低，氯含量和上皮细胞数量增多，维生素 B_1、维生素 B_2 含量减少。

（三）化学异常乳

化学异常乳可分为酒精阳性乳、低成分乳、混入异物乳、冻结乳以及风味异常乳。

1. 酒精阳性乳

指用68%~70%酒精与乳混合时产生细微颗粒或者絮状凝块等

凝结现象的牛乳，其酪蛋白稳定性低，易变性凝结。水牛乳酪蛋白及钙含量高，更易发生酒精阳性现象。酒精阳性，尤其是低酒精阳性乳的发生决定因素尚未明确，对乳品质及其加工的影响也尚无定论。对于生乳的验收，我国从国家到地方的相关标准，并未要求在生乳收购时，进行酒精阳性测试。生乳收购站不能以酒精阳性测试结果来判定生乳品质，并以此作为按质论价或者拒收的标准或者理由。

2. 低成分乳

由于受到遗传、饲养管理、疾病或者环境等外部因素的影响，使得牛乳成分低于正常牛乳的乳称为低成分乳。

3. 混入异物乳

因饲料、饮水等原因使得原本不存在于乳中的物质（如霉菌毒素、重金属等）通过奶水牛的体内转移进牛乳中，这种乳称为混入异物乳。

4. 冻结乳

在低温条件下，牛乳中的游离水被冻结，使得乳中无机盐和乳酸的浓度加大，从而使得乳中的酪蛋白变性，牛乳的风味也随之改变。

5. 风味异常乳

指乳的风味和滋味发生异常的牛乳，包括由于酶解脂肪产生的脂肪分解臭、使用挤奶器具不卫生使牛乳吸收的金属臭，以及不注意环境卫生使得牛乳染上牛的体味、饲料味以及牛粪味等。

（四）微生物异常乳

由于挤奶过程中没有注意环境卫生、牛体卫生、挤奶器具卫生等，导致牛乳被大量微生物污染，使得牛乳酸败和腐败，这种乳称为微生物异常乳。具体有以下几种情况：由于大肠菌、乳酸菌的污染导致牛乳酸度高，气体发酵产生酸臭味等，在加工时，加热杀菌易凝固且生产干酪时易产生酸败和膨胀；由于蛋白、脂肪分解菌和低温菌的污染，使得乳脂肪分解，产生苦味，还易将不良气味带入产品中，使成品发生腐败。

（五）兽药、农药残留乳

牛乳激素残留会造成人体激素障碍。抗生素残留将影响发酵乳的生产，人们长期食用也会出现抗药性，导致患病使用抗生素治疗时效果下降、病情不能得到及时确诊，贻误治疗时机。有些对抗生素过敏的人长期饮用有抗奶会造成过敏性休克，甚至危及生命。此外有抗奶中除了有抗生素残留外，还有可能带有病菌、毒菌及异常细胞等对人体有害的成分。对于患病牛，使用兽药后，需要隔离饲养，如无隔离条件，应做好显著标记，挤出的奶应放入专用容器，患病牛产的奶应该废弃。一般兽药在奶牛中的残留为5天，用药后5~7天挤的奶不应该用于销售。

牛乳农药残留同样会造成人体慢性中毒，发生致癌致畸。因此，在避免兽药残留乳混入正常乳的同时，也要对饲料和水源的农药残留情况进行监测、控制，避免农药残留超标。

（六）掺假乳

不法商家为谋取利益，往牛乳中加入非乳物质以及价钱相对便宜的其他动物乳，这类乳叫掺假乳。常见的掺假物质有黑白花奶、水、淀粉、米汁、豆浆、蔗糖、防腐剂等。掺假乳不仅损害消费者的利益，更会对消费者的生命健康产生威胁。

1. 掺黑白花乳

水牛乳的营养价值比黑白花奶高，价格也高，不法商家为谋求利益，往水牛乳中掺入黑白花奶。可采用 PCR 鉴定特异性基因条带法、HPLC 鉴定特异性蛋白等方法对掺入黑白花乳的水牛乳进行检测。

2. 掺水

为了谋取利益，有的养殖户往牛乳中掺入水，加入水后牛乳的密度会降低，检测牛乳中是否掺入水可使用全乳相对密度检测法、乳清相对密度检测法对牛乳的密度进行测定，同时可结合冰点、非脂乳固体测定数值进行辅助判断。

3. 掺淀粉和米汁

淀粉和米汁中富含淀粉，可使用碘 – 淀粉反应检测，若产生蓝色反应，则证明牛乳中掺入了淀粉或者米汁。

4. 掺豆浆

豆浆中的皂素溶于热酒精中并与氢氧化钾发生反应，产生黄色，利用此反应机理进行检测，若牛乳产生黄色，则证明加入了豆浆。

5. 掺蔗糖

使用蒽酮显色法进行检测，若牛乳变成黄绿色则可判定加入了蔗糖。

6. 掺防腐剂

生乳中严禁添加防腐剂，添加防腐剂是违法行为，同时生乳中添加防腐剂将影响发酵乳的生产。如添加酸中和剂只能掩蔽酸败乳，但不能降低现有的菌落总数值，使用这种乳，将严重影响乳制品的品质。

第二节　影响水牛乳与乳制品质量与安全的因素

水牛乳与乳制品质量安全问题关系到乳品消费者的身体健康，

也是制约水牛乳品行业健康发展的根本性因素。影响水牛乳品质量安全的因素很多，如品种、饲养环境、饲料质量、加工工艺、储藏运输、消费者食用、政府监管、人为安全等，概括起来可以分为原料乳生产环节、乳品加工环节、乳品流通和销售环节、乳品消费环节、政府监管环节，任何一个环节的不规范操作都可能导致水牛乳品质量安全问题。

一、原料乳生产环节

（一）品种

不同品种的奶水牛，因遗传基因的差异，在产奶量和奶品质上存在差异。据广西水牛研究所记录统计，摩拉水牛牛奶全乳固体含量16%~17%，乳脂肪含量6%~7%，乳蛋白含量3.5%~4.5%；尼里—拉菲水牛牛奶全乳固体含量16%~17%，乳脂肪含量6%~7%，乳蛋白含量3.5%~4.5%。地中海水牛乳脂肪含量8%~9%，乳蛋白含量4%~5%；三品杂水牛牛奶全乳固体含量19%~20%，乳脂肪含量8%~10%，乳蛋白含量4.5%~5.5%。

（二）年龄及泌乳期

初产牛产奶量少，从第2胎起泌乳量逐渐增加，水牛泌乳高峰期随着乳腺发育和功能完善以及全身各系统组织和功能成熟，多在第2个至第6个泌乳期之间出现。整个泌乳期内随着泌乳产量的变化，乳成分也相应地有规律性变化。广西水牛研究所以第1个月至第3个月为初期，第4个月至第6个月为中期，第7个月至第10个月为末期，分3个泌乳阶段，对5个品代水牛各泌乳期的初、中、末3个泌乳阶段取乳样分析结果表明：乳中干物质、乳蛋白和乳脂的含量初期较低，中期、末期逐步升高；而乳糖初期高于中期、末期；粗灰分和非脂固体则初期、末期高于中期。

（三）饲养环境

1. 水对原料乳质量安全的影响

水质的好坏会直接影响原料乳的质量，如水中亚硝酸盐含量超标，则会直接导致水牛乳中亚硝酸盐含量超标。如果水中各种重金属或者有毒物质含量超标，则会令水牛慢性中毒，造成水牛乳中重金属或有毒物质含量超标。

2. 环境条件对原料乳质量安全的影响

在夏季，泌乳水牛的产奶量随温度升高而明显下降，牛乳乳脂率降低；高温潮湿的环境易使牛舍细菌滋生，增加泌乳水牛患病率，最终导致水牛原料乳细菌数和体细胞数增加，影响水牛原料乳质量安全。

（四）饲料

1. 霉变饲料对原料乳质量安全的影响

饲料霉变会产生霉菌毒素，主要包括黄曲霉毒素、赭曲霉素等，霉菌毒素对人类和动物可表现出多种毒性效应，这些有毒有害物质会对原料乳质量安全产生不良影响。

2. 饲料中添加违禁物质对原料乳质量安全的影响

在饲料和动物饮用水中使用的药物，会导致该类药物在原料乳中残留超标，这些物质残留在乳制品中，通过食物链进入人体，会引起人类疾病的发生，严重危害人体健康。

3. 饲料被污染对原料乳质量安全的影响

环境污染包括水质、土壤、空气的污染，这些均可能导致饲料安全生产受到影响，使该类物质在水牛原料乳中残留，影响奶水牛及人类健康。

（五）健康状况

泌乳水牛患病会严重影响原料乳质量安全。一是泌乳水牛患病导致原料乳中含有病菌，如结核病、布鲁氏菌病、奶牛乳腺炎、子宫内膜炎等疾病，影响牛乳质量安全。二是泌乳水牛患病后人们使用青霉素、链霉素、庆大霉素、磺胺类抗生素进行治疗，如果不规范用药和严格执行休药期，就会造成原料乳中兽药残留超标。

（六）挤奶

如采用机械挤乳，相比手工挤乳所带来的污染要少，但是仍然存在潜在污染物。自动挤奶生产线，由于挤奶杯前端有接触牛体的可能，牛体表面的杂草、牛毛、饲料粪便等就会被吸进挤奶杯随牛乳流入原料奶中。挤奶杯及过滤网等清洗不彻底或清洗剂、消毒剂残留也会对牛乳造成污染。

（七）贮存和运输

刚挤出的原料乳应及时过滤和冷藏，使原料乳在2小时内温度降至0~4℃，否则原料乳内的微生物就会增殖而造成原乳料腐化，影响原料乳的质量安全。运输时间过长，运送过程中车体的晃动，会加快微生物的生长繁殖，使原料乳出现酸败变质现象；贮奶罐和运输车罐内壁清洗不彻底等均可能造成微生物污染。

（八）人为操作风险

广西水牛养殖以散养为主，这不利于原料乳品质监控管理，在利益的驱使下，奶农和收奶站可能会出现掺假现象，目前主要存在以下几种掺假方式：一是水牛原料乳掺水；二是水牛原料乳掺其他牛属乳；三是水牛原料乳掺入假奶，假奶是由乳清粉、植脂末、水解蛋白、奶精等与水混合而成；四是为了控制微生物含量，往水牛原料乳中添加杀菌剂、抑菌剂、防腐剂、抗生素等；五是为了逃脱检测，消除添加的抑菌剂或抗生素，往水牛原料乳中加一些化学药品或酶类。水牛原料乳掺假现象严重影响了奶源收购的市场秩序及原料乳质量安全。

二、乳品加工环节

（一）检测技术

包括收购水牛原料乳时的质量检测和水牛乳品加工成品质量检测，各项指标是否符合相关标准的规定。检测人员责任感越强、技术越先进，越能及早地发现可能的乳品安全问题，保障水牛乳品的质量安全。

（二）加工工艺

流程设计不合理，产品配方中非法添加有害物质，灭菌技术不足，安全卫生条件差，为了增强乳品的颜色、口感而过度使用食品添加剂或营养强化剂等行为均不利于乳品的安全和品质。乳品企业在选择包装材料时应满足无毒、密闭性好、耐挤压的材质要求，防止出现包装材料与水牛乳品接触造成的生物性、化学性污染。通过实现机械化包装可最大限度地保障水牛乳品加工和贮藏的质量与安全。

（三）生产管理

水牛乳品加工企业要严格履行水牛乳品生产安全卫生标准，及时对水牛乳品的贮存容器、加工设备、管道、包装材料等进行彻底地清洗、消毒、灭菌，防止微生物污染和乳品的理化指标不合格问题，保障水牛乳品的质量安全。

（四）设备维护

乳品企业要在乳品加工前后做好设备的保洁和维护。此外，在清洗生产设备、传输管道、器具时要控制好所需的清洗溶剂的温度、浓度、数量，这有利于维持设备的使用寿命，对保障水牛乳品的质量安全也具有积极的促进作用。

三、乳品流通和销售环节

（一）运输

要充分发挥冷链保鲜技术，在水牛乳品运输车内安装温度探头，监控运奶车内的温度，维持运奶车内全程低温。不同种类的水牛乳制品对车内的温度要求不同，在运输中不同温度需求的水牛乳制品要分类运输。

（二）规范存放

存放水牛乳品的设施和环境应符合安全卫生标准，以保障水牛乳品存放的质量与安全。

（三）合法销售

乳品销售点应禁止销售变质、破损或者不符合水牛乳制品质量安全标准的乳制品，要做好不合格产品的退回、销毁工作，保障水牛乳品消费者的身体健康。

四、乳品消费环节

在选购水牛乳品时，消费者应该留意水牛乳品生产日期、保质期、适用人群，水牛乳品若出现过度膨胀、异味等状况则不能选购；保证开口即饮、不喝过夜奶等习惯，这些都是乳品消费者选择水牛乳品时需要注意的事项，是影响消费者安全食用水牛乳品的重要因素。

五、政府监管环节

政府监督检查人员应重点检查水牛原料乳掺假情况及品质情况，乳品企业不合格水牛原料乳处理记录情况，合格食品添加剂的处理情况，生产加工设施卫生状况，生产设备维护保养和清洗消毒情况，生产加工过程中关键控制点的控制情况，生产中人流、物流交叉污染情况，生产不合格产品处理情况，产品追溯情况，风险监测情况，顾客投诉及处理情况，原料、半成品、成品交叉污染情况等，保障水牛乳与乳制品质量与安全。

第三节　从生产到加工前各环节生水牛乳质量安全控制

生产、收购、贮存、运输、销售的生鲜乳，应当符合乳品质量安全国家标准。禁止在生鲜乳生产、收购、贮存、运输、销售的过程中添加任何物质。

一、生水牛乳的质量与安全控制

（一）生水牛乳生产

目前，南方奶水牛养殖模式主要是农户散养与规模化牧场养殖并存。尤其是农户养殖，挤奶方式以手工挤奶为主，因此生牛乳的生产需注意以下事项：

1.挤奶前的检查

挤奶前需观察乳房是否有红、肿、热、痛及创伤。

2.乳头清洗与药浴

挤出前三把奶后，将乳头清洗干净，进行药浴，用一次性纸巾或者消毒毛巾擦干（牛只间不能交叉使用纸巾或毛巾），弃前三把奶。挤奶后立即药浴乳头。异常乳与正常乳分开收集。药浴液需要每日现配现用，可用3%~4%的次氯酸钠，或者25~50 mg/kg碘制剂处理过的毛巾擦洗乳房。

（二）生乳的过滤与净化

为了保证生乳的质量，挤出的牛乳在牧场就必须立即进行过滤、冷却等初步处理。生乳在进入乳品厂后，要立即进行净化，尤其是对于不能立即加工生产的生乳。

1.过滤

牧场最常用的过滤方法是用纱布过滤。将消毒过的纱布折成3~4层，结扎在奶桶口上，挤奶员将挤下的乳称重后倒入扎有纱布的奶桶中，即可达到过滤的目的。使用后的纱布应立即用温水清洗，并用0.5%的碱水洗涤，然后再用清洁水洗净，最后煮沸10~20分钟杀菌，存放在清洁干燥处备用。

2.净化

为了使牛乳达到最高的纯净度，一般采用离心净乳机净化。离心净乳就是利用乳在分离钵内受强大离心力的作用，将大量的机械杂质留在分离钵内壁上，从而使乳得到净化。净化后的水牛乳最好直接进行加工，如果需要短期贮藏，必须及时冷却贮藏。

（三）冷却

挤出的奶，必须在2小时内冷却至0~4℃，以保持乳的新鲜度。

1.奶桶冷却

使用奶桶向奶站送奶的农场，可使用水池、喷淋式冷却器或者浸入式冷却器对生乳进行冷却。

（1）水池冷却：将装乳桶放在水池中，用冷水或冰水进行冷却。

（2）浸没式冷却器冷却：浸没式冷却器中带有离心式搅拌器，可以调节搅拌速度，并带有自动控制开关，可以定时自动进行搅拌，故可使牛乳均匀冷却，并防止稀奶油上浮，适合于奶站和较大规模的牧场。

（3）喷淋式冷却器冷却：使用不断循环的冷却水喷淋在奶桶外侧，以保持牛乳冷却。

2.奶罐冷却

机械挤奶时，牛乳被收集在特质的奶罐中，奶罐内部设有冷却设备，保证牛乳在规定的时间冷却到符合要求的温度。

3.大型牧场和奶站冷却

大型的牧场和奶站，牛乳处理量大，需采用冷搏和板式热交换器冷却。该方法用冷盐水作冷媒时，热交换率高，可使乳温迅速降到4℃左右。

（四）生乳收购

1.生乳收购站主体

取得工商登记的乳制品生产企业、奶畜养殖场、奶农专业生产合作社开办生鲜乳收购站。

2.生乳收购站设备设施

生鲜乳收购站的生鲜乳贮存设施使用前应当消毒并晾干，使用后1小时内应当清洗、消毒并晾干。

生鲜乳收购站使用的洗涤剂、消毒剂、杀虫剂和其他控制害虫的产品应当确保不对生鲜乳造成污染。

3.生乳收购站对生乳的检测

生鲜乳收购站应当按照乳品质量安全国家标准对收购的生鲜乳进行感官、酸度、密度、含碱量等常规检测。检测费用由生鲜

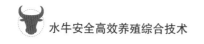

乳收购站自行承担，不得向奶畜养殖者收取，或者变相转嫁给奶畜养殖者。

4. 禁止收购的生乳

（1）经检测不符合健康标准或者未经检疫合格的。

（2）奶畜产犊7日内的初乳，但以初乳为原料从事乳制品生产的除外。

（3）在规定用药期和休药期内的奶畜产的。

（4）添加其他物质和其他不符合法律、法规或者食品安全标准的。

5. 生乳收购站管理办法

（1）生鲜乳收购站应当建立生鲜乳收购、销售和检测记录，并保存2年。

（2）生鲜乳收购记录应当载明生鲜乳收购站名称及生鲜乳收购许可证编号、畜主姓名、单次收购量、收购日期和时点。

（3）生鲜乳销售记录应当载明生鲜乳装载量、装运地、运输车辆牌照、承运人姓名、装运时间、装运时生鲜乳的温度等内容。

（4）生鲜乳检测记录应当载明检测人员、检测项目、检测结果、检测时间。

（5）生鲜乳收购站收购的生鲜乳应当符合乳品质量安全国家标准。不符合乳品质量安全国家标准的生鲜乳，经检测无误后，应当在当地主管部门的监督下销毁或者采取其他无害化处理措施处理。

（6）贮存生鲜乳的容器，应当符合散装乳冷藏罐国家标准。

（五）生乳运输

在乳源分散的地方，多采用乳桶运输，乳源集中的地方，采用乳槽车运输。无论采用哪种运输方式，都应注意以下几点：

（1）防止乳在运输途中升温，特别是在夏季，运输时间最好选择在夜间或早晨，或用隔热材料盖好奶桶。

（2）运输所采用的容器须保持清洁卫生，并加以严格杀菌。

（3）夏季必须装满盖严，以防震荡；冬季不能装得太满，以免容器破裂。

（4）长距离运送生乳时，最好采用乳槽车。利用乳槽车运乳的优点是单位体积表面小，因而乳升温慢，特别是在乳槽车外加绝缘层后可以基本保持乳在运输中不升温。

（5）从事生鲜乳运输的驾驶员、押运员应当持有有效的健康证明，并掌握保持生鲜乳质量安全的基本知识。

（6）生鲜乳运输车辆应当随车携带生鲜乳交接单。生鲜乳交接单应当载明生鲜乳收购站名称、运输车辆牌照、装运数量、装运时间、装运时生鲜乳温度等内容，并由生鲜乳收购站经手人、押运员、驾驶员、收奶员签字。

（7）生鲜乳交接单一式两份，分别由生鲜乳收购站和乳品生产者保存，保存时间2年。

二、企业对原料水牛乳的验收与贮存

原料奶的质量决定着乳制品的质量，必须进行严格验收。各项指标应该符合广西壮族自治区《DBS 45/011—2014食品安全地方标准　生水牛乳》的相关规定。

（一）验收

1.感官检验

正常的水牛乳为纯白色至乳白色，不含有肉眼可见异物，不得有红、绿等异色，不能有苦、涩、咸味和饲料、青贮、霉等异味。具体检测项目及要求见表7–1。

表7-1　生水牛乳感官要求

项目	要求
色泽	呈乳白色
滋味、气味	具有水牛乳固有的滋味、气味，无异味
组织状态	呈均匀一致液体，无凝块，无沉淀，正常视力下无可见的异物

2. 理化检验

对于相关理化指标未达到限制要求的，将不能判定为合格的生水牛乳，不能执行生水牛乳的收购价。生水牛乳理化标准见表7-2。

表7-2　生水牛乳理化标准

项目	指标
蛋白质 / (g/100 g)	≥ 3.8
脂肪 / (g/100 g)	≥ 5.5
非脂乳固体 / (g/100 g)	≥ 9.2
冰点 a* /℃	−0.500~−0.570
相对密度 / (20℃ /4℃)	≥ 1.024
杂质度 / (mg/kg)	≤ 4.0
酸度 / (°T)	10~18

*a 表示挤出 3 小时后检测

3. 安全指标

现场收购以及加工以前，必须检查原料乳中的菌落总数和体细胞数，以确定原料乳的质量和等级。如果是加工发酵制品的原料乳，必须做抗生物质检查。此外，农药、真菌毒素等其他污染物残留也必须符合国家相关标准要求。

（1）煮沸试验：取5 mL牛乳置于干净的试管中，水浴或者酒精灯上煮沸5分钟，迅速冷却，倒入平皿中，观察平皿中的牛乳是否有颗粒物，试管是否有挂壁现象，如有，则为阳性。煮沸试验呈阳性的生乳，不能用于加工。

（2）菌落总数测定：生乳中的微生物仅要求检测菌落总数，执行《GB 4789.2—2016食品安全国家标准　食品微生物学检验　菌落总数测定》规定的方法，限定值为每毫升不超过200万个CFU。

（3）体细胞数检验：一般采用体细胞计数仪进行测定。我国对生乳的体细胞计数没有要求，但体细胞数高，说明奶水牛可能出现某些隐性或者显性的疾病，可伴随较高的微生物含量。建议每毫升生水牛乳中的体细胞数不超过50万个CFU。

（4）抗生素：有抗生素残留的生乳，会影响制备发酵乳和干酪，给乳品加工企业带来损失。国外大型企业普遍采用的是SNAP抗生素残留检测系统。

（5）其他污染物必须符合国家食品安全相关规定。

（二）贮存

储存原料乳的设备，要有良好的绝热保温措施，并配有适当的搅拌机，定时搅拌乳液以防止乳脂肪上浮而造成分布不均匀。贮罐要求保温性能良好，一般乳经过24小时储存后，乳温上升不得超过2~3℃。

对于贮藏在4~5℃的原料乳，一般可以存贮24~36小时；贮藏在5~6℃，可存贮18~24小时；贮藏在6~8℃，可存贮12~18小时；贮藏在8~10℃，只能存贮6~12小时。

储存期间要开动搅拌机，24小时内搅拌20分钟，乳脂率的变化在0.1%以下。

第四节　水牛乳"养、加、销"一体化高效加工模式

目前，国外水牛奶系列产品的开发主要定位于高附加值的奶制品，世界上许多著名的干酪品牌是用水牛乳制成的，例如意大利的莫扎瑞拉干酪、菲律宾的白干酪及土耳其的凯玛干酪等。同时水牛乳也被开发成市场容量大、质量高的灭菌乳、酸乳等纯乳产品或含乳饮料。

在中国，奶水牛主要分布在南方地区。随着水牛奶业的发展，在广西、云南、广东等省（自治区）相继建立了专门从事水牛奶加工的企业，产品包括巴氏杀菌奶、酸奶、乳饮料、干酪以及传统产品如乳饼、乳扇、奶豆腐、奶皮、姜撞奶等。目前广西年加工水牛奶约3.5万吨，产品主要有巴氏杀菌水牛乳、酸奶、超高温瞬时处理（UHT）奶、干酪、乳饮料等系列20多个品种。

一、奶业一体化经营模式

针对现阶段广西奶水牛养殖规模小、乳源分散，水牛乳生产以及加工利用效率低，产品结构与价格未能匹配水牛乳的价值，终端产品未能拉动生水牛乳收购价格的提升，终端市场未能驱动奶源的高效生产等问题，建议探索布局生产、加工、销售一体化的高端奶吧餐饮经营模式，为产业发展注入新的市场活力。

该模式目前主要有3种实现形式：一是养殖大户自行开展一体化经营，打造鲜奶吧；二是养殖户加入专业奶牛合作社，由合作社组织建立乳品加工厂；三是以中、大型养殖户为主体进行加盟，建设合作牧场，采取联营模式进行乳品加工。

二、奶业一体化经营的鲜奶吧模式

鲜奶吧是一种新型鲜奶经营业态，是集乳制品加工、饮食服务于一体的生产经营主体，是我国奶业发展转型时期的一种新生事物，既是形势所迫，也是符合行业内在发展规律的必然产物。鲜奶吧将生鲜乳进行现场加工、销售，其中核心产品为巴氏杀菌奶、酸奶，让消费者真正体验到零添加、原汁原味的新鲜乳制品。

鲜奶吧最早在山东出现，自2011年起，鲜奶吧开始在全国各地迅速蔓延，鲜奶吧作为新型时尚产品被注册成品牌。据不完全统计，全国鲜奶吧数量已经达到万家以上，范围涉及湖北、广东、河南、江西、青海等全国20多个省（市、自治区），仅山东、河北就各有2000多家鲜奶吧，浙江的"一鸣真"鲜奶吧已发展成连锁经营模式，在上海、江苏、浙江、福建等地的门店已达到1500家。

三、广西区内发展鲜奶吧的意义

广西是全国水牛养殖第一大省，据报道，2016年广西能繁母水牛3.75万头，而2017年广西能繁母水牛只有3.24万头，截至2018年底，广西区内现有能繁母水牛总数约2.77万头，奶水牛存栏数逐年下降，产业一直在萎缩。造成这种现象的原因有很多，主要有两个原因：①养殖成本高，利润低，养殖户积极性降低；②养殖户与乳品企业利益分配失衡，奶牛养殖户与乳制品加工厂均独立运营，两者之间存在信息不对称现象，对生鲜乳的品质、价格的界定乳品企业有绝对的话语权，增加了两者之间交易的不公平性与风险性。

鲜奶吧可以实现乳品生产与消费的有效衔接，将牧场的优质奶源直接运送到鲜奶吧，通过即时制作加工，用最短的时间，向消费者提供新鲜、营养、安全的巴氏鲜奶和酸奶，实现了牧场到餐桌的无缝、有效衔接，可把奶业的生产、加工、销售有机地结合、融合在一起，真实体现三者利益的有效联结。

四、国外水牛乳一体化加工模式

意大利全国有500多家乳品加工厂，这些乳品加工厂与周边的奶水牛养殖农场相互联合，通过签订牛奶购销合同或相互参股，形成利益共享、风险共担的联合体，通过联合体内合理的定价机制，使农场与加工厂的利益得到兼顾。还有许多水牛养殖农场，既拥有饲料种植用地，又拥有乳制品加工厂，形成了"种—养—加—销"一体化的格局，从而获得可观的经营效益。

第五节 现有生乳、产品、掺假检测技术等标准一览

现有生乳、产品、掺假检测技术等标准见表7-3。

表7-3 现有生乳、产品、掺假检测技术等标准

序号	标准名称
1	CAC/GL 13—1991 乳过氧化物酶保鲜原料奶导则
2	CXS 268—1966 萨姆索奶酪法典标准（2019版）
3	CXS 269—1967 埃门塔尔奶酪法典标准（2019版）
4	CXS 271—1968 圣宝林奶酪法典标准（2019版）
5	CXS 274—1969 库洛米耶尔奶酪法典标准（2019版）
6	CXS 276—1973 卡芒贝尔奶酪法典标准（2019版）
7	DB13/T 1365—2011 生鲜牛乳收购管理规范
8	DB13/T 5165—2020 牛乳成分快速检测技术规范
9	DB34/T 1374—2011 生鲜乳中三聚氰胺的测定酶联免疫吸附法

续表

序号	标准名称
10	DB34/T 863—2008 生鲜牛奶中三聚氰胺的测定
11	DB37/T 3572—2019 牛乳中 A2 型 β－酪蛋白（A2 奶）检测技术规程
12	DB440300/T 16—2000 新鲜生牛乳质量管理规范
13	DB50/T 891—2018 生鲜牛乳安全生产技术规范
14	DB61/T 1242—2019 生鲜乳中革皮水解物（L－羟脯氨酸）的快速筛查方法
15	DB61/T 408—2007 牛奶中 D－乳酸 /L－乳酸的测定——酶法
16	DB61/T 409—2007 牛奶制品中硝酸盐的测定——酶法
17	DB64/T 1263—2016 生鲜牛乳质量分级
18	DB64/T 1264—2016 生鲜牛乳抗生素残留控制技术规程